高等数学教育及教学建设探究

李会芳 张 璐 著

哈尔滨出版社
HARBIN PUBLISHING HOUSE

图书在版编目（CIP）数据

高等数学教育及教学建设探究 / 李会芳，张璐著
. -- 哈尔滨：哈尔滨出版社，2024.1
ISBN 978-7-5484-7389-3

Ⅰ．①高… Ⅱ．①李… ②张… Ⅲ．①高等数学—教学研究 Ⅳ．① O13

中国国家版本馆 CIP 数据核字（2023）第 183690 号

书　　名：**高等数学教育及教学建设探究**
GAODENG SHUXUE JIAOYU JI JIAOXUE JIANSHE TANJIU

作　　者：李会芳　张　璐　著
责任编辑：韩伟锋
封面设计：张　华
出版发行：哈尔滨出版社（Harbin Publishing House）
社　　址：哈尔滨市香坊区泰山路 82-9 号　邮编：150090
经　　销：全国新华书店
印　　刷：廊坊市广阳区九洲印刷厂
网　　址：www.hrbcbs.com
E－mail：hrbcbs@yeah.net
编辑版权热线：（0451）87900271　87900272
开　　本：787mm×1092mm　1/16　印张：11　字数：240 千字
版　　次：2024 年 1 月第 1 版
印　　次：2024 年 1 月第 1 次印刷
书　　号：ISBN 978-7-5484-7389-3
定　　价：76.00 元

前　言

科教兴国。21 世纪的竞争，是经济实力的竞争，是科学技术的竞争，归根结底是人才的竞争，而人才的培养取决于教育。众所周知，知识经济时代，高新技术是保持一个国家或民族综合实力和竞争力的关键因素，而高新技术本质上是一种数学技术，知识经济以成功运用数学为标志。因此，加强数学教育，是我国实施科教兴国战略的重要组成部分。21 世纪的中国，教育所处的地位是举足轻重的。邓小平同志早在 1977 年就深刻揭示了经济、科技和教育之间的内在联系：经济是中心，科技是关键，教育是基础。"教育要面向现代化，面向世界，面向未来"是邓小平同志教育思想的核心和精髓。21 世纪的高等教育在整个教育事业中处于龙头地位，高等教育的发展质量和发展程度，不仅影响整个教育事业，而且关系到社会主义现代化的未来。

高等数学课程是高等学校理工科各专业学生必修的一门非常重要的基础理论课，是为培养我国社会主义现代化建设所需要的高质量专门人才服务的。高等数学在培养学生逻辑思维能力和分析问题、解决问题的能力方面是其他课程无法替代的。目前，不少学生觉得高等数学课程太枯燥、太抽象、太难理解、现实中用不到，而教师强调数学是基础、是工具、是学好其他课程的保证，为了缓解这些矛盾，把学生培养成数学基础扎实、数学能力强、数学素质高的创新性人才，必须不断进行高等数学课程的教学改革与实践。

高等数学在大学教学中也面临诸多问题，如内容枯燥、纯理论证明多、与生活实践应用结合例子少，导致学生不重视，甚至觉得学习高等数学没有任何意义。针对这些问题，结合学生个体差异及教学安排，我们提出了简化教学，从优教学内容、课后学习、高等数学研究意义与生活实践广泛应用相结合的方法，对高等数学教育教学理念改革进行初探，以便培养学生自主学习高等数学的兴趣，提升学生的综合素质。

由于笔者水平有限，本书难免存在不妥甚至谬误之处，敬请广大学界同仁与读者朋友批评指正。

目　录

第一章　高等数学教育概述

第一节　我国高等数学教育中的若干问题

一、概述

随着科学技术的迅猛发展，各门学科知识开始相互渗透，一些交叉学科呈现越来越强的生命力，而数学则是与其他学科交叉部分最多，知识渗透得最为广泛的一门学科。例如，生物数学、数量经济方法、数理语言学、定量社会学、天文学等学科均大量运用数学工具解决各自领域的问题，甚至文学、法学、政治学等学科也要借助数学模型进行更深层次的研究。新的形势已经迫切需要非数学专业的学生也具备较好的数学基础，这样的基础决定了高校会培养出什么样的社会劳动者，而劳动者能力的高低决定了一个国家的经济发展水平和速度，所以高等教育的质量关乎着一个国家的发展水平。

为了让非数学专业学生拥有更强的能力，成为未来高素质的社会人才，从20世纪90年代开始，我国许多高校为经济管理类、文史类、法学类、政治学等院系学生开设了高等数学课。然而，随着为非数学专业的学生开设数学课的高校越来越多，出现的问题也越来越多，例如许多学生（包括财经类学生和文史类学生）对数学的兴趣不高、不清楚所学知识如何应用、对数学畏惧、不及格率高等。作者所在的团队曾对我国部分高校进行走访调查，发现许多高校在开办高等数学的过程中都遇到过一系列令人头痛的问题，其中最大的共性问题是高等数学的不及格率非常高，多数在10%以上，部分高校的不及格率高达25%~35%。居高不下的不及格率已经成为困扰学生和教师的首要难题。为了让学生尽可能通过考试，教师不得不逐年降低试题难度，有的高校甚至为往届重修生单独出题，但仍然有部分学生直到大四还是不能通过考试。一方面，时代发展要求非数学专业的学生要拥有较好的数学基础；一方面，学生学习数学的兴趣并不高，这样矛盾的现状令高校教育工作者感到头疼和无助。目前，这些问题已经引起了一些学者的关注，并针对高等数学教育中出现的问题进行了探讨和研究。如徐利治在 2000 年谈了自己对高等数学教育的一些看法，并给出了一些大胆而独特的改革建议；聂普炎强调了实验和软件对培养学生的动手能力的重要性；郑毓信谈了对数学课程改革的观点，并强调了高等数学教师队伍应专业化等。在众多教育工作者的关注下，有些学校已经开始组建专门的高等数学教学队伍，希望通过团队的力量进一步提高高等数学的教学质量。然而，现有的对高等数学教育的研究大多只片面地关注了教育体制以及高校本身存在的问题，而忽略了学生以及中学数学教育方式等重要影响因素。事实上，提高教学质量，绝不能仅靠高校进行简单的教育体制改革，学生自身学习态度、中学教育方式、教材质量以及教师重视程度等都起着非常重要的作用。本节从学校和学生两方面分别总结了影响高等数学教学质量的一些问题，并对这些问题逐一进行了分析。

二、高等数学教育中存在的问题

（一）学校在开展高等数学教育过程中存在的问题

作者对国内一些知名大学的高等数学课程进行了调研，所调研的学校几乎都对全校的非数学专业学生开设了高等数学课（一般包括微积分、线性代数和概率论与数理统计三门课），并针对不同专业学生对数学的需求进行了分层教学。不同层的学生使用不同的教材，设置不同学时。归纳这些学校的高等数学课，大体可以分为 3~5 类，教材内容由难到易依次为理工类（约 4 学期）、经济管理类（约 4 学期）、医学和城市规划类（约 3 学期）、文史类（约 2 学期）以及针对部分文科院系如艺术、外语等介绍数学思想、数学发展史的选修课（1 学期）。可见，数学已经成为新世纪各个专业的学生必须学会的一门课程。这符合时代发展的需要，也能满足学生日益提高的技能要求。然而，在调研中我们发现各高校在开展高等数学的教学过程中都存在着诸多问题，其中比较突出的共性问题有：

1. 各高校普遍重科研而轻教学

为更多的非数学专业学生开设高等数学课，目的是让更多的学生掌握数学思想，学会用数学思维思考问题、用数学方法解决问题。因此，数学课，尤其是非数学专业的数学课的教学应该是一个动态发展的过程，是与社会发展紧密联系的过程。教师应根据学生的专业特点、知识储备情况等定期修改大纲，及时将数学的新应用和发展增加到课堂中去，让学生真正了解学习数学的意义。然而，由于越来越多的民众开始关注高校排名，使得许多高校都比较重视教师的科研能力，而忽略教学技能，致使教师们普遍把注意力放在了如何提高科研水平上，而没有精力去关注教学问题，更少有教师会根据社会的发展及时增减知识。虽然许多高校对数学课采取了分层教学的形式，但是这种分层只是根据不同专业的学生对数学的不同要求将原有的高等数学内容进行了删减、调整，知识结构并没有根本的改变，对数学的应用讲解得不够，更没有及时更新知识。因此，高等数学课的教学内容普遍比较陈旧、教师教学方法单一，学生学习效果差、对数学的掌握和理解根本不能满足社会的要求。

原因分析及解决思路：重视科研而忽视教学，这是很多高校普遍存在的现象。许多高校为了提高自己的知名度，有个好的排名，鼓励教师多拿项目，多写文章。有的高校为了让教师多出成果，将职称评定标准不断提高，并对所有的教师实行科研考核制度。对于科研考核不合格的教师，不论其教学水平多高，学生有多喜爱，都进行惩罚，甚至解聘。教师为了完成给定的科研任务，也为了达到越来越残酷的职称评定标准，不得不把大量的精力放在科研上，基本无暇关注教学问题。因此，要提高高等数学的教学质量，就必须纠正这种重科研而轻教学的错误导向。

2. 各地中学教材改革不同步，中学和大学的数学内容不衔接

20 世纪末，我国开始推行素质教育，目的是培养综合素质高、生存能力强的新一代，减少只会学习的"书呆子"，使学生在德、智、体、美、劳等各个方面都能得到很好的发展。但在推行过程中，一些地方的中学（包括家长）对素质教育的理解不够准确，误认为素质教育就是减负，为此开始对教材进行改革，删减了部分抽象复杂的知识，增加了一些大学数学课程较简单的知识。然而，为了能顺利考上大学，学生和教师仍然搞题海战术，学习的时间和强度都没有减少，所以学生的创新能力、思想品德、身体素质等多方面并没有得到显著提高。这样的改革效果没有使素质教育真正实施起来，学生的数学基础反而下降了许多。另外，由于对学生的培养目标理解不同，各地中学对数学教材的改革方式也大不相同。有的地方的中学删掉了如极坐标、复数、反三角函数、空间曲面等知识，而增加了一些原本应在大学讲解的知识，如微积分、线性代数以及概率论等高等数学的部分内容。还有的地方的中学把复数、反三角函数等知识当作教学重点，根本没有涉及过任何高等数学知识。中学数学改革的千差万别，导致各地学生带着不同的知识储备进入了大学。而大学数学并没有将中学删掉的知识补充进来，知识结构也没有根据学生的不同数学基础而有所调整。各地上来的学生不论基础如何，只要在同一专业，就上相同的数学课程。这种现象造成的结果是没有学过复数、反三角函数、空间曲面等知识的学生在大学时遇到这些知识就很难听懂课程，而遇到学过的高等数学知识时又觉得乏味、没有新意。前者使学生对学习产生畏惧心理，后者则会使学生有厌倦情绪，两种情形都直接对学生的学习效果产生影响。

原因分析及解决思路：基于中学教材改革产生的影响，我们可以从以下几个方面进行改正：第一，纠正各地中学对素质教育的理解，不应删掉一些对学生将来学习很重要的知识，例如复数的三种表示形式、反三角函数的相关知识等，这些知识在大学数学中都要用到，中学不考虑大学的教材内容一味删减自己认为复杂抽象的知识，不是真正的减负，只是将学生的学习负担从中小学阶段推移至成年阶段而已。第二，应该对各省中学的数学教材进行统一改革。各地中学改革不统一，使得学生的知识储备差别很大，给高等数学的教育工作带来一定难度。第三，应将中学数学与大学数学看成一个连贯的知识体系。学生从中学进入大学，学习的知识应该是连贯的、逐渐加深的，中学数学应是大学数学的基础。中学若想对教材进行改革，应和大学教材同步进行。中学数学如果需要删掉一些知识，那么大学数学教材应将其补充进来，而中学讲授过的知识大学数学应略讲或删除，这样才能让学生从中学到大学学到的数学知识是连贯、系统的知识体系。

3. 高等数学普遍内容偏多，且重计算、轻应用

目前，我国高校的高等数学教材内容普遍偏多，计算量大且抽象枯燥，对知识的应用讲解得不够。由于教学大纲规定的内容较多，教师每堂课都要忙于将规定内容讲完，每堂课上完教师都会感到十分劳累，少有时间与学生沟通、互动。教师虽然教得都很辛苦，但是学生的学习效果并不理想。因为学生的注意力普遍不能长时间持续，加上所学知识抽象难懂，很多学生到后期开始溜号、犯困，直接影响学习效果。另外，许多高等数学教材对数学的应用讲解得不多，使得学生学完所有的数学课后仍不了解所学的知识到底有何用处。事实上，许多学生不重视数学就是觉得数学对其今后的学习和工作没有多大用处。在一次调查问卷中，有73%的学生认为数学对自己本专业的学习以及今后的工作是没有或少有用处的，这种认知极大影响了学生们学习数学的效果。

原因分析及解决思路：新中国成立后，我国高校的高等数学课是在苏联的帮助下开展起来的。受其影响，大多数版本的数学教材重理论和计算，且难度较大。近十几年，我国许多高校开始修改高等数学内容，总的来说难度是降低了，但计算量和理论知识仍然偏多，应用知识介绍得还是不够。如果我们能根据学生的专业特点以及时代的要求，适度修改大纲，删减或略讲抽象难懂、使用率不高的知识，而增加数学在其他学科和实际生活中的应用介绍，尤其是数学在日常生活中的应用，让学生意识到数学的强大和重要，这样学生自然会重视数学，努力学好数学。

4. 没有数学软件辅助教学，教学模式单一

在美国，许多高校的数学课上都要使用一些数学软件或计算软件来辅助教学。教师通过软件将复杂、抽象的知识形象化，使学生更好地理解所学知识。同时，教

师还要求学生会用一种或多种数学软件计算习题、处理数据等。因此，美国的高等数学课上得生动有趣，学生普遍动手能力较强，并且在工作时很快能将所学知识应用于实践。而我们的数学课教学模式单一，主要以教师课堂抽象讲解为主，学生课下复习为辅。学生学习完高等数学后，基本上不会使用任何软件处理问题。

原因分析及解决思路：我国各高校的数学教师一般是学数学出身，计算机功底不够，大多没有能力自己研制、开发与教材配套的数学软件，也无法购买国外现成的数学软件。而计算机精通的教师又大多不懂数学，也没有动力去研发数学教学软件。因此，到目前为止，我国的高等数学课还只是靠教师通过语言来传递知识。如果我们的高校能重视数学软件的研发，鼓励数学教师和计算机教师联合研发适合教学的软件，或者学校出资购买国外现成的数学软件进行改进后用于我们的教学，那么，我们的数学教育在不久的将来会呈现出更强大的生命力，培养出的学生将更具竞争力。

5. 大班教学不利于课堂开展教学互动，应付考试成为教学目的

许多高校的高等数学课作为基础必修课，采取了大课堂教学的形式。经常是多个学院的学生一起上课，人数众多（一般100~300人不等）。大班教学的课堂效果并不好，教师很难照顾到每个学生，而学生，尤其是坐在后面的学生由于看不清黑板或听不清讲课而影响学习效果。这部分学生也极容易溜号而转做其他和数学课无关的事情。另外，由于数学课课堂容量大，用于课堂提问的时间非常有限，有的学生可能一学期也没有被提问过。长此以往，这些学生开始出现惰性心理，不断缺课。为了督促学生来上课，有的学校要求教师每堂课点名，但由于课堂人数众多，学生知道教师很难记住所有人，所以经常出现代答到、代上课的现象。这样一学期下来，教师虽然教得很辛苦，但是教学效果并不理想。

原因分析及解决思路：近几年由于高校扩招，许多高校的教学资源开始紧张起来。若为全校的学生开设高等数学课，势必需要更多的教师、教室以及教学设备等，大大增加了教学成本。可是新的社会需求又要求学生具备数学基础，所以大部分高校对高等数学课采取了大课堂教学的方式。这样既可以节约教室，减少教师的需求量，又可以满足社会对高校的要求。但是，从目前来看，这种大课堂的教学方式并不令人满意。由于大班不好管理，学生不及格现象严重，每年大批的重修生严重干扰了正常的教学秩序。为了尽可能减少学生不及格的比例，许多教师把学生通过考试作为教学目的，失去了高等数学课开办的意义。要想杜绝上述现象的发生，就必须限制每个教学班的人数。实践发现，一个班60~80人一般比较便于教师管理以及开展教学活动。因此，建议每个高等数学课教学班的人数不要超过80人。

（二）学生在学习高等数学过程中存在的问题

让非数学专业，尤其是纯文科院系的学生学好数学绝不能仅靠学校，教师的努

力，学生本身也是影响教学质量的重要因素。作者通过多年的教学观察、访谈、调查，初步给出了以下四个影响学生学习效果的因素。

1. 学生自主学习能力差

在众多影响学生学习效果的因素中，学生自己的努力是最重要的。学生们很清楚这一点，但很多学生总是由于种种原因而不能集中精力自主学习。我们通过问卷和面谈得到影响学生主观能动性发挥的原因主要有以下三个方面：（1）新生会陷入"失重"状态，影响了主观能动性的发挥。大多高校都将高等数学课作为基础必修课为刚入学的学生开设，而刚刚走进大学的学生，突然离开父母，开始独立生活，很难适应。大部分学生不能很好地安排学习和生活，也不适应集体生活模式和陌生的环境，使得一些学生在大学的第一年都处于"失重"状态，学习没有计划，作息没有规律，晚上经常熬到下半夜，第二天在课堂上犯困，听课效果很差。（2）缺少教师和家长的督促，自我控制能力差。大学里经常举办各种社团活动，尤其新生入学，各种招新活动更是令人应接不暇。学生没有教师和家长的督促和看管，容易被丰富多彩的校园生活吸引，学习在不知不觉中懈怠。（3）授课方式改变，学生开始很难适应。大学的数学课程一般上课时间长、内容多、速度快，大学教师又不像中学教师那样每天督促学生学习，所以许多学生会处于忙乱状态，不知道该怎样适应这快节奏的学习方式。另外，大学平时测验少，有的课程只在期末才会进行考试，许多学生就这样在学期中松懈下来。

2. 学生对数学的学习兴趣不高

我们在对人民大学近1000名非数学专业学生的调查统计中发现，将近一半的学生对数学课的学习兴趣不高。为什么会有这么多的学生对数学提不起兴趣？分析原因主要有以下几点：（1）中学数学学习模式的影响。大多数中学为提高高考成绩，在讲授数学课时采用题海战术，让太多的学生对数学产生了畏惧心理，一些学生反映他们在没有上数学课前就已经开始惧怕数学了。（2）高等数学的学科特点。高等数学课的内容普遍偏多，知识抽象难懂，相对于其他专业课程来说，学习起来更累。很多学生反映上数学课太累、太难，作业太多，提不起兴趣。（3）教师授课风格的影响。有的数学教师讲课严谨认真，但比较古板，缺乏调动学生积极性和兴趣的必要手段。（4）重复学习。中学学习过高等数学内容的同学再次学习时会感觉乏味，无趣。（5）师生沟通不足。大学教师不坐班，上完课就走，与学生不熟悉，更缺乏必要的沟通，教学过程中容易出现问题，这些问题以及教师的态度反过来也直接影响学生学习高等数学的兴趣。

3. 学习方法机械

首先，中学数学教材内容少，且天天有数学课，教师会把解题步骤、技巧等讲得很细致，并配备大量练习来反复训练学生，使学生养成了过于依赖教师的习惯。其次，由于高考的压力，许多地方的中学在数学课上对学生进行反复训练，让学生像机器人一样精通各种题型，这种训练方式让学生误认为只要多刷题，用题海战术就可以学好数学。然而，大学的数学课容量大、教学速度快，内容相对中学数学来说更复杂抽象，而教师一般只是讲解典型例题，不会带领学生大量做题。学生如果还想像中学那样依赖教师搞题海战术、机械地做题，不但非常辛苦，不能真正学懂数学，而且教师也不会配合。因此，许多学生抱怨数学课是大学中最为"纠结"的一门课。那么怎样才能轻松学好高等数学？对于大学生来说，首先，他们应该明白大学数学不同于中学数学，要尽快改正过分依赖教师、搞题海战术的学习方法。高校学生，尤其是新生应尽快使自己适应大班教学、长课时的授课方式，养成课前预习、课后复习的习惯，认真听好每堂课，灵活掌握各个关键知识点，定期复习各章节的知识结构，及时将不会的问题解决掉。而对于教师而言，应教会学生如何科学支配好课堂及课下时间学习数学，教会学生根据一些典型例题掌握与之相关的一类题，从而学好整个知识点，让学生用尽可能少的时间学好数学。对于刚入学的新生，教师还可以在学生中成立学习小组，由助教或高年级的学生负责各个小组的学习和作业情况，高年级学生通过传授学习经验、方法等帮助新生尽快找到适合自己的学习方式。

4.学生适应不同教师的能力差

不同的教师会有不同的授课风格。有的教师幽默、风趣，有的则相对古板、严肃；有的教师喜欢在课堂上谈古论今，而有的教师则是满堂课地讲解大纲要求的知识。近几年，随着多媒体技术、计算机软件的普及应用，一些教师，尤其是年轻教师已开始将多媒体、计算机技术应用到了课堂上。他们的课堂风格新颖，趣味性更浓，高端的技术手段往往令学生们耳目一新，大大提高了数学课的趣味性。但也有一些教师，尤其是老教师还在沿用老的教学手段，一支粉笔走天涯。还有一个影响教师风格的因素是语言，大部分高校教师的普通话都很标准，学生很容易接收知识信息，但也有些教师带有浓重的地方口音，学生听不懂，从而使得听课效果下降。总之，不同的教师会有不同的授课风格，而学生一般是以选课的形式修完所有数学课程，许多学生反映在每学期初的一个月由于不适应教师的讲课方式或口音而导致学习效果不好，虽然后来会慢慢适应，但是开始阶段学习的一些基础性的知识不能很好掌握，这将直接影响后面的学习效果。

多媒体等教学手段应用得好确实可以提高教学效率，不能强制要求所有教师都把多媒体技术应用得好，也不能要求所有的教师都拥有纯正的普通话、具有幽默细胞，都在课堂上谈古论今显然也不实际。因此，我们一方面建议学生尽量选择相同的教师，这样可以省去适应阶段，直接进入自己所熟悉的学习状态。另一方面，建议各高校重视学生对教师的反馈意见，督促教师重视学生们的意见，尽自己所能将数学课上得清晰、生动，使学生在数学课上不仅收获知识，也能收获快乐。

社会的不断发展为高校培养人才提出了更高的要求。高校，作为向社会输送人才的基地，应根据社会的发展不断调整培养学生的目标，使之更好地适应快速发展的社会。高校为更多的非数学专业的学生开设高等数学，就是希望学生能掌握一些数学方法、技能，提高他们分析问题、解决问题的能力。但是，在中学的教育方式，大学本身的管理方式以及学生自身的学习方法等因素的直接影响下，高等数学教学工作在开展过程中出现了很多问题，严重影响了教学质量。若要提高高等数学的教学质量，提高学生的掌握知识、应用知识的能力，就必须解决这些问题。本节系统总结了现阶段我国高校在开展高等数学教学过程中比较常见的一些问题，对这些问题形成的原因逐一进行了分析，并针对这些问题给出了解决思路，希望这些分析能对教师和学生有所帮助。

第二节　高等数学教育现状

高等数学是指科学和工程大学开设的非数学专业的基础课程，对学生来说非常重要。然而，随着我国教育体制的不断改革，传统的高等数学教育类型逐渐不能满足学生自身和社会发展的需要。在此基础上，作者结合当前的教育现状，对如何提高高等数学的教育水平提出了一些建议。

一、高等数学教育的现状

高等数学是理工大学中非常重要的基础学科，它的存在是必要的，但不可避免地存在一些不同的问题。例如，课程内容与实际应用程序严重不一致，学习内容与实际目标不匹配，等等。因此，对高等数学的课程内容和教学方法应做相应的调整，以便与今后学生的实践工作相结合，充分发挥高等数学的应有效率。

（一）课程内容与实际应用程序不一致

对于那些刚刚接触高等数学课程的学生来说，他们不太知道如何将其中相对枯燥的理论知识与实践中联系起来。高等数学教育的根本目的是让学生在课堂上尽可能多地掌握一些实践知识和常识，然后将这些知识应用到未来的生活和工作中。但从目前我国高等数学教学的现状来看，很少有学校能达到这个水平。

（二）教学方法过于过时

受我国考试导向教育的影响，高校教师仍然采用最传统的教学方法。在这种情况下，学生只是盲目地处于被动地接受状态，没有机会和时间来锻炼他们的发散思维和创新能力。此外，由于条件的限制，一些多媒体高科技设备很少在课堂上应用，这极大地影响了高等数学现代化的发展速度。

二、高等数学教育的改革战略

（一）对传统教学理念的创新

改革不仅针对学校，还针对国家教育部门和社会的文化环境。在改革中，教育机构应将高等数学的教育问题纳入科学研究领域，使许多来自各行各业的教育学者能够参与本研究的相应工作。此外，还需要从以下两个方面进行改革：首先，充分把握行业现状和发展动态，然后适当调整当前的高等数学课程内容；其次，要将教学大纲与实际位置的管理规范高度匹配，使学生能够进一步提高自己在课堂上的操作技能和应用水平。

（二）开展对学校教师的再教育

首先，我们要明确，传统教育改革的目的是提高学校的整体教学水平。教师不仅是学生学习的典范，也是学校教育水平最基本的保障。因此，只有拥有高能力、高素质、高水平的教师，才能充分发挥教育改革的最终意义。在今后的改革工作中，学校应进一步开展对学校教师的再教育，包括基础理论教育、道德教育，数学哲学、数学方法、教育思想和教育规范等教育，教师能够一次又一次地充分认识到自己在学习中的不足，从而有效地提高自己的专业技术水平和个人成就。此外，在教师再教育课程中应适当增加一些心理知识，帮助他们更好地了解学生的思想，为他们制定更合适的教学大纲。

学校管理人员应积极鼓励教师参加培训课程，使他们知道一个优秀的教师不仅需要有足够的专业知识储备，而且应具有高尚的道德品质和修养。只有育人而不忘育己，才能在教育的道路上越走越远，为国家和社会培养出更多优秀人才。

（三）对传统教学方法的创新

如今，许多高校教师仍沉迷于传统的"全面"教学方法，殊不知自己在教授的课堂上难以解脱出来，下面的学生已经走了。在此情况下，我们必须进一步创新传统的教学方法，并在课堂上引入尽可能多的多媒体设施。随着互联网和计算机的高度普及，教师也可以把这些宝贵的互联网材料放在课堂上。例如，教师可以利用内部网络作为媒介，创建一个名为"高等数学培训"的部分，他们可以根据课程内容添加一些著名教师的课堂视频和学生的课后练习。此外，学生还可以通过该系统与教师在线实时交流，及时将自己的问题反馈给教师。这种方法不仅缩短了师生之间的距离，而且使原来的单一、枯燥的传统教学方法变得更加多样化和有趣。

（四）考试方法的改革

"考试教育"，这种中国教育体系实际上限制了高等数学教育水平的提高。在此基础上，学校可以尝试对考试方式进行一些调整，使学生在关注理论知识的同时，也可以考虑个人数学素质的培养。

建议我国教育部门取消高校期中和期末考试，实施集封闭式答辩、纸质答辩、实验报告和课程评价为一体的多元化考核制度。要注重日常的小班考试，这样不仅可以消除学生对考试的恐惧，还可以锻炼他们的思维能力和获取信息的能力，从根本上提高学生对高等数学课程的热情。

第三节　高等数学教育的大众化

随着社会的发展，高等教育的普及已经成为现实，数学的重要性已经被人们所认识，数学的普及也逐渐被人们所接受。随着我国高校招生规模的扩大，高等教育从精英教育转向大众教育，学生的个体差异越来越大。因此，高等数学的教学不能采用相同的模式。新的教育形式对传统的高等数学教学模式有很大的影响。原有的教学方法没有适应新的教育环境，必须进行改变，这将导致大学阶段整体教学内容的更新，并简化单一学科教学的复杂性。

高等数学作为高校的基础课程，在学生逻辑思维能力的培养中起着非常重要的作用。随着时代的进步和科技的发展，各种知识的增长速度越来越快，和高等数学基础课程的作用越来越明显，也吸引了越来越多的专业人士和大专院校的关注。不同专业的学生需要学习不同程度的高等数学，只是学生的反应相对冷漠，学习高等数学的热情不高，对学习的兴趣不强，甚至有对学习的疲劳和拒绝学习的心情。分析学生的高中入学考试和大学入学考试的结果，我们很容易发现大型学校和初级学院的学生，特别是大专生，存在数学基础知识较差，从小学到初中和高中学习质量培训不足的问题。许多学生的阅读和图形绘制能力很低，他们结合数字和形状的能力相对缺乏。因为大专许多专业都属于艺术和科学类，有相当一部分学生，尤其是文科背景的学生有错误的想法即高等数学无用论，只要不是数学专业，高等数学对未来的工作几乎是无用的。这种肤浅的理解导致这些学生缺乏探索高等数学的动机，在遇到学习困难时选择放弃，他们没有毅力和学习的决心。或者是当前的高等数学教材内容的理论比较抽象、连贯性很强，太重理论和脱离现实，和现实生活中密切相关的实际问题不多，让学生感觉枯燥，很容易打击学生的学习兴趣。只有教师努力改变传统的教学方法，教学内容贴近学生生活，教学语言简单、正确地处理直观与理论、简单与深刻、比较与联系关系，才能改变这种情况。

一、概念的普及

数学概念是反映数学对象本质属性的思维形式。它的定义方法是不同的、描述性的、指示性的、概念性的和类别上的差异。理解和掌握数学概念的基本性质以及理解所涉及的范围对这些概念的准确应用非常有好处。

高等数学与概念教学作为一门基础学科，是课程教学的基本内容和重要组成部分。学生理解高等数学的相关概念，有利于提高对高等数学的学习兴趣，也有利于学生理解、掌握和应用高等数学的相关知识。对于新生来说，要用强大的理论和抽象性来彻底理解高等数学的概念是不容易的。因此，教师应该使用一些简单的生活语言来教授与高级数学相关的概念，而与生活相关的能力可以更好地让学生理解。

例如，使用"ε-N"语言来定义数组限制，学生往往不能完全理解数学语言，或者使它更难理解。此时，教师可以用生活语言来解释，有些学生关系很好，经常在一起，可以说是"亲密的"，也就是说，两个人之间没有距离。越来越近，或者两个人之间的距离越小。"|an-a|"，当值为 0 时，表示 an 等于 a 的距离，也可以认为是 an 无限接近 a，或数列 an 极限是 a。

另一个例子是对函数连续性的理解。一般教材的使用限制是用"ε-N"语言来定义的，对许多文科学生来说，限制本身是一个难以理解的概念，加上数学语言，也不容易理解。对于高校的非数学学生来说，只要他们能理解描述性的定义，就没有必要掌握极限的定义。一般来说，一个函数对应一条曲线，并且该函数在一个区间上是连续的，这意味着在这个区间上没有一个点是断开的。简单地说，这个区间上的函数的图像可以用笔绘制，中间没有停顿。

二、定理的推广

定理是一个反复证明的正确理论。一个定理包括条件和结论两部分。在证明过程中，将条件和结论有机地联系在一起，然后设计学习定理，可以更好地解决各种难题。在高等数学中，定理及其应用占据了很大的空间。定理、公式和定律是概念的延续、复合和升华。一方面，对定理、公式和定律的理解有助于加深对概念的理解和掌握；另一方面，定理、公式和定律是理论与实践之间的桥梁，是学习数学以解决实际问题的重要方法和手段。在传统的高级数学教材中，用纯数学语言描述了定理和定理的证明。只有用大多数学生都能理解的通俗语言解释定理、公式和定律，才能更好地反映定理、公式和定律的重要性，以便更好地应用定理、公式和定律。

例如，在研究闭区间上连续函数的性质时，理解了最值定理、根的存在性和一致连续性定理。学生用数学语言来描述它是不容易的，更难以接受纯粹的理论证明过程。借助数字和形式组合方法，很容易理解函数的定理。

在闭合区间上连续的函数必须在该区间上具有最大值和最小值。也就是说，如果函数 f(x) 在 [a, b] 上是连续的，那么至少有一个点 [a, b]，所以 f( ) 是 f(x) 在 [a, b] 上的最大值或最小值。这就像在桌面上建立一个直角坐标系，固定两个点，并用两点之间的线连接。此时，桌面可以看作是一个平面，连接这两点的线可以看作是一个函数的图像曲线。在这条线上总是有一个最高点和一个最低点。这两点是固定的，线的长度是有限的。直线上的任何一个点的高度都在最高点和最低点之间。由于整条线没有断开，在最高点和最低点之间有一个对应的点，所以很容易理解中介定理。此时，如果两个不动点一个在水平轴上，一个在水平轴下，则一个函数值为正，一个函数值为负，其中至少有一点使直线与水平轴相交，即函数值为 0，据此解释零点定理。

三、应用程序的推广

数学是通过解决生活中的问题而产生的，学习数学最终是为了解决现实生活中的问题。应用是学习高等数学的最终目标，也是学习数学的灵魂和本质。为了解决现实生活中的问题，我们一般需要有一定的理论基础。首先，将生活问题转化为数学问题，建立数学模型，通过数学公式解决数学问题，得出结论并将其应用于现实生活。在教材的处理上，我们应该从后续课程的需要和现实生活的需要，充分介绍现实生活的应用，使学生能够理解学习高等数学可以解决我们生活中的问题，反映高等数学的重要性，从而提高学习数学的动机和意识。

大众教育模式下的高等数学教学不同于原来的精英教育。只有在教学过程中充分挖掘高等数学材料，才能不断缩短高等数学与普通人的距离。高等数学要得到广大专业院校学生的接受和认可，教学内容就必须与实际的生产和生活密切相关，如此才能真正反映出高等数学来自生命，高于生命，最终服务于生命的本质。

第四节 高等数学教育中融入情感教育

在教学活动中，教师的课堂情感可以对课堂教学质量产生重大影响，将情感教育纳入课程教学环节，对优化课堂教学，丰富课堂知识，促进学生的兴趣和全面发展，具有非常重要的意义和价值。高等数学在高等教育中处于基础地位，对每个学生，尤其是工科学生的思维方式有着重要的影响。因此，情感教育在高等数学教学环节中的整合具有明显的必然性和科学性。

一、情感教育在高等数学教育中的重要作用

国民经济快速发展，高等教育也出现一种更加功利的现象，这一现状对高等数学教育产生了很大的影响。高等数学的学习具有一定的困难性，需要长期的坚持和磨炼才能在其中取得突破。将情感教育与高等数学教育相结合，有利于提高学生对高等数学学习的兴趣和积极性。在学习高等数学的过程中，学生对学习不太感兴趣主要是由于存在"害怕困难"的心理和情感，也因为在学习高等数学的过程中很难获得成就感和自豪感。教师融入情感教育可以使学生在学习过程中设定目标，提高他们对高等数学学习的兴趣和热情。

将情感教育与高等数学教育相结合，有利于增加学生对高等数学学习的投入。在高等数学学习的过程中，更多的学生能够应对这一现象。教师与情感教育的融合，可以让学生真正感受到高等数学的魅力，让学生真正把握和探索高等数学的内涵和本质。

情感教育与高等数学教育的整合，有助于鼓励学生理解高等数学学习的价值和作用，除了课堂教学外，教师还应关注学生的成长、发展和职业规划。在高等教育的过程中，学生的成长是一个全面的成长和发展，他们在学习和生活中会遇到各种问题和难题。高等数学教师对学生成长和发展的关注，有利于帮助学生解决问题，激发学生的学习动力。

二、将情感教育融入高等数学教育的必要条件

如上所述，高等数学教育在高等教育的联系和过程中具有特殊的意义。其教学内容包含在积分理论、极限思想、空间几何等，这些构成了其他学科的重要基础和基础理论，所以利用高等数学的思想可以解决各种复杂的问题。没有哲学我

们没有真正理解数学，如果没有数学我们不能真正理解哲学。因此，必须在高等数学教育中整合情感教育，同时，整合情感教育在高等数学教育中也应具备以下条件：

高等数学教师应该非常热爱自己的职业和工作。如果高等数学教师对自己的工作没有激情或热爱，那么将情感教育融入高等数学教育的先决条件就不存在了。教师是太阳底下最光辉的职业，作为高等数学教师，尤其要热爱自己的课堂和专业。

作为高等数学教师，基础理论知识和专业基础必须要扎实。整合情感教育是为了提高知识教育的水平，一旦第一级没有做好，就不能提高到情感教育的水平。只有理论基础坚实，才能实现跨学科研究高等数学等学科，建立一个系统的框架和知识系统，拉近学生与高等数学之间的距离。

三、将情感教育融入高等数学教育的重要途径

课堂教学，根据不同的教育环境和教育场所，可以分为课堂内教学和课堂外教学，在高等数学教育的过程中，绝大多数时间是课堂内教学，课堂外的教学对教师素质要求较高，在课堂内和课堂外，教师的情感教育方法和表现形式是不一样的。

在课堂上，教师整合情感教育、反映情感在教育中的投资有以下三种重要途径：

第一，也是最基本的，教师应该熟练掌握他们所教的课堂知识，充分准备他们的课程，应该有深厚的学术造诣，只有这样他们才能真正教会学生。

第二，教师在课堂教学中，应充满感情，注意教师的仪表，不能在教学过程中表现出随便的教学态度。

第三，教师应努力在课堂教学中将理论与实践相结合，将更复杂的学术问题和理论困难与现实生活相结合，将现实生活中的问题作为教育教学的切入点，实现教学知识的最终目标。

在课堂外，教师融入情感教育、反映情感投入有以下两种重要途径：

首先，在课堂外，教师应该为学生回答问题，并与学生进行讨论和交流。在高等数学教育的过程中，教师往往存在不与学生课后交流的现象。因此，教师有时间应该在课堂外与学生进行交流和讨论，这不仅有助于学生的学术和知识的提高，而且对促进师生之间的沟通，增强师生之间的情感具有重要意义。

其次，在课堂外，教师应与学生建立良好的关系，经常深入学生的学习和生活，引导学生学习和生活，缩短教师与学生之间的距离，可激发学生对高等数学学习的重要热情。

四、将情感教育与高等数学教育相结合的重要技能

（1）应注意师生之间的第一次接触

学生对教师的第一印象决定了他们是否真的会接近教师，因此教师应该特别注意在学生面前的第一次展示。应注意面部表情和语言表达，以饱满的热情对待第一课，做好充分的准备，这也可以为后续的情感融入教育奠定基础。

（2）应注意捕捉学生的兴趣点，并不断激发学生的学习兴趣

当代大学生的好奇心更加突出。他们可以将数学知识与历史故事或历史上的奇妙现象结合起来，可以通过讲故事的方式向学生传授相应的数学知识。把学生带入情境中，与学生共同思考生活场景中的数学知识，感受高等数学的独特魅力。

（3）培养学生学习数学的好习惯

让学生真正感受到学习高等数学的重要性，感受到数学在学习其他学科的过程中所发挥的基本作用。

第五节　高等数学教育价值的缺失

为了更好地发挥高等数学的教育价值和教学作用，教师在今后的教育工作中应更加重视对专业知识内涵的挖掘。

高等数学是理工科大学非常重要的基础学科。然而，在我国当前考试导向型教学的影响下，许多教育工作者忽视了对高等数学价值和内涵的深刻挖掘。作者通过各种搜索发现具有实际意义的研究结果数量较少，作者结合自己的经验，分析了高等数学中缺乏价值的现象，并试图总结了一些高度可行的对策。

一、高等数学的教育价值

我国目前的高等数学教育体系尚未发展成熟，加上该学科的历史研究文献太匮乏，不可能谈论教育价值的存在。那么，高等数学缺乏研究史的原因是什么呢？笔者总结了以下三个原因：第一，目前我国高校的课程一般都安排得很充实，教师没有时间和精力来学习该课程价值的历史；第二，我国大多数高校高等数学教师一般担任若干职位，虽然专业数学教师本身具有较高的专业技能和教育水平，但是高等数学的教育经验不一定很丰富，这样更难以开展高等数学的课程价值研究工作；第三，从我国教育现状来看，高等数学的教学内容与数学历史价值的研究工作不能紧密结

合在一起。教师在告诉学生高等数学课程价值时，不应该直接向学生灌输一些纯粹的理论内容，而应该利用数学历史的价值，让学生能够用实际的课程内容进行练习，从而提高学习热情。

为了改变当前高等数学教育缺乏价值的现象，学校可以开设数学史的选修课。但需要注意的是，如果这种方法不能正确使用，数学历史课程将变得非常无聊，学生对这门课程会产生负面情绪，从而无法达到预期的教学效果。一个更合适的方法应该是将数学史的理论内容与高等数学课程紧密联系起来，并教学生如何灵活地利用数学史来提高他们的学习能力。这种方法不仅可以提高学生对历史的洞察力，还可以提高他们对数学概念的理解。因此，教师需要明白，教学生数学历史的课程内容实际上是教他们如何学习高等数学的经验和价值。例如，当学生学习波的计算方法时，他们往往会对自己计算结果的无限特征非常感兴趣，教师可以充分利用它，让学生自己探索和发现真相。也许开始学生会觉得探索的过程让人感到非常困难和无聊，但通过教师的指导，他们会逐渐接近答案，当他们不能提出自己的想法和解决方案时，教师可以及时教他们数学家的解决问题的方法。

二、高数量教材思想内涵的深度

在开展高数量教学的过程中，科学地运用数学思维是一种有效的教学方法。为了使大学生从根本上理解高等数学的重要性，教师应该让他们深入理解数学思想在自主学习中的重要性。例如，在教授高数教材中的"定点"课程时，教师首先要向学生解释学习内容中可以使用的各种思维方式，如分割、接近、改变元素等。其中一个主要的内容是标准化，它也可以称为不定积分。合理运用数学思维模式，不仅能充分调动学生的思维，而且能使他们充分认识到深入挖掘教材内容的重要性。此外，由于学生自身的阅读能力和学习能力都不是很强，所以在解决复杂的证明问题时，不能正确地表现出最重要的思维方式。因此，教师应该充分考虑这个问题，并引用一些更典型的例子来帮助学生找到正确的思维方式。

三、深入挖掘高数量教材的人文内涵

高数教科书通常让人感觉难以接近，不能很舒服地理解其中所包含的人文氛围。基于这种情况，教师需要在原教学大纲中适当地增加一些人文内容，包括数学理论的来源和发展历史，数学家解决问题的想法的简要介绍，以及具体的生产和实践方法等。此外，在人文学科的教学内容中，还应展示学生克服困难所必需的毅力和坚持的精神。例如，在告诉学生高数教科书中的要点主题时，有必要告知学生积分理论来自牛顿和莱布尼茨研究的上三角特征理论。通过对这些内容的介绍，学生会深刻认识今天的学习来自历届科学家和学者的艰苦研究，更加珍惜当前学到的有价值的高数知识的机会，从而使他们未来的高数学习生涯变得更加和谐和幸福。

第二章　高等数学教学理念

第一节　数学教学的发展理念

21 世纪是一个科技快速发展，国际竞争激烈的时代，科技竞争归根结底是人才的竞争。培养和造就高素质的科技人才已经成为全世界各国的教育改革中一个非常重要的目标。我国适时地在全国范围内开展了新课程的改革运动。社会在发展，科技在进步，大学是培养高素质人才的摇篮，大学数学教育也必须要满足社会快速发展的需要。所以，新课程的教育理念、价值及内容都在不断地进行改革。

一、教学论的发展历史

数学课常使人产生一种错觉：数学家们几乎理所当然地在制定一系列的定理，使得学生被淹没在成串的定理中。从课本的叙述中，学生根本无法感受到数学家所经历的艰苦漫长的求证道路，感受不到数学本身的美。而通过数学史，教师可以让学生明白：数学并不枯燥呆板，而是一门不断进步的生动有趣的学科。所以，在数学教育中应该有数学史表演的舞台。

（一）东方数学发展史

在东方国家中，数学在古中国的摇篮里逐渐成长起来，中国的数学水平可以说是数一数二的，是东方数学的研究中心。

古人的智慧不容小觑，在祖先们的逐步摸索中，我们见识到了老祖宗从结绳记事到"书契"，再到写数字，在原始社会，每一个进步都要间隔上百年乃至上千年。春秋时期，祖先们能够书写 3000 以上的数字。逐渐地，他们意识到了仅仅是能够书写数字是不够的，于是便产生了加法与乘法的萌芽。与此同时，数学开始出现在书籍上。

战国时期则出现了四则运算，《荀子》《管子》《逸周书》中均有不同程度的记载。

乘除的运算在公元 3 世纪的《孙子算经》中有了较为详细的描述。现在多有运用的勾股定理亦在此时出现。算筹制度的形成大约在秦汉时期，筹的出现可谓是中国数学史上的一座里程碑，在《孙子算经》中有记载其具体算数的方法。

《九章算术》的出现可以说将中国数学推到了一个顶峰地位。它是古中国第一部专门阐述数学的著作，是"算经十书"中最重要的部分。后世数学家在研习数学时，多是以《九章算术》为启蒙。其在隋唐时期就传入了朝鲜、日本。其中最早出现了负数的概念，远远领先于其他国家。遗憾的是，从宋末到清初，由于战争的频繁，统治者的思想理念等种种原因，中国的数学走向了低谷。然而，在此期间，西方的数学迅速发展，将中国数学甩得很远。不过，中国也并非止步不前，至今很多人还在用的算盘出现在元末，随之而来出现了很多口诀及相关书籍。算盘是数学历史上一颗灿烂的明珠。

16 世纪前后，西方数学被引入中国，中西方数学开始有了交流，然而好景不长，清政府闭关锁国的政策让中国的数学家们再一次坐井观天，只得对之前的研究成果继续钻研。这一时期，发生了几件大事，鸦片战争失败，洋务运动兴起，让数学中西合璧，此时的中国数学家们虽然也取得了一些成就，如幂级数等。然而，中国已不再独占鳌头。19 世纪末 20 世纪初，出现了留学高潮，代表人物有陈省身、华罗庚等人。此时的中国数学，已经带有了现代主义色彩。新中国成立以后，百废待兴，数学界也没有什么建树。随着郭沫若先生的《科学的春天》的发表，数学才开始有了起色，但数学水平依然落后于世界。

（二）西方数学发展史

古希腊是四大文明古国之一，其数学的发展在当时可谓万众瞩目。学派是当时数学发展的主流，各学派做出的突出的贡献改变了世界。最早出现的学派是以泰勒斯为代表的爱奥尼亚学派，毕达哥拉斯学派的初等数学，勾股定理。还有以芝诺为代表的悖论学派。在雅典有柏拉图学派，柏拉图推崇几何，并且培养出许多优秀的学生，比较为人熟知的有亚里士多德，亚里士多德的贡献并不比他的教师少。亚里士多德创办了吕园学派，逻辑学即为吕园学派所创立，同时也为欧几里得著的《几何原本》奠定了基础。《几何原本》是欧洲数学的基础，被认为是历史上最成功的教科书，在西方的流传广度仅次于《圣经》。它采用了逻辑推理的形式贯彻全书。哥白尼、伽利略、笛卡儿、牛顿等数学家都受《几何原本》的影响，而创造出了伟大的成就。

现今，我们在计数时普遍用的是阿拉伯数字。阿拉伯数学于 8 世纪兴起，15 世纪衰落，是伊斯兰教国家所建立的数学。阿拉伯数学的主要成就有一次方程解法、三次方程几何解法、二项展开式的系数等。在几何方面：欧几里得的《几何原本》，13 世纪时，纳速拉丁首先从天文学里把三角分割出来，让三角学成为一门独立的学科。从 12 世纪时起，阿拉伯数学渐渐渗透到了西班牙和欧洲。而 1096 年到 1291 年的十字军远征，让希腊、印度和阿拉伯人的文明，中国的四大发明传入了欧洲，由于意大利有利的地理位置，从而迎来了新时代的到来。

到了 17 世纪，数学的发展实现了质的飞跃，笛卡儿在数学中引入了变量，成为数学史上一个重要转折点；英国科学家和德意志数学家分别独立创建了微积分。继解析几何创立后，数学从此开拓了以变数为主要研究方向的新领域，它就是我们所熟知的"高等数学"。

（三）数学发展史与数学教学活动的整合

在计数方面，中国采用算筹，而西方则运用了字母计数法。不过受到文字和书写用具的约束，各地的计数系统有很大差异。希腊的字母数系简明、方便，蕴含了序的思想，但在变革方面很难有所提升，因此希腊实用算数和代数长期落后，而算筹在起跑线上占得了先机。不过随着时代的进步，算筹的不足之处也表露出来。可见要用辩证的思想来看待事物的发展。自古以来，我国一直是农业大国，数学也基本上为农业服务，《九章算术》所记录的问题大多与农业相关。而中国古代等级制度森严，研究数学的大多是一些官职人员，人们逐渐安于现状，而统治者为了巩固朝政，也往往扼杀了一些人的先进思想。数学的发展与国家的繁荣昌盛息息相关。在西方，数学文化始终处于主导地位，随着经济的发展需要，对计算的要求日渐提高，富足的生活使得人们有更多的时间从事一些理论研究，各个学派学者，乐于思考问题解决问题，不同于东方的重农抑商，西方在商业方面大大推进了数学的发展。

1. 数学史有助于教师和学生形成正确的数学观

纵观数学历史的发展，数学观经历了由远古的"经验论"到欧几里得以来的"演绎论"，到现代的"经验论"与"演绎论"相结合再到"拟经验论"的认识转变过程。数学认识的基本观念也发生了根本的变化，由柏拉图学派的"客观唯心主义"发展到了数学基础学派的"绝对主义"，又发展到拉卡托斯的"可误主义""拟经验主义"以及后来的"社会建构主义"。

因此，教师要为学生准备的数学，也就是教师要进行教学的数学就必须是：作为整体的数字，而不是分散、孤立的各个分支。数学教师所持有的数学观，与他在数学教学中的设计思想、与他在课堂讲授中的叙述方法以及他对学生的评价要求都有密切的联系。数学教师传递给学生的任何一些关于数学及其性质的细微信息，都会对学生今后去认识数学，以及数学在他们生活经历中的作用产生深远的影响，也就是说，数学教师的数学观往往会影响学生数学观的形成。

2. 数学史有利于学生从整体上把握数学

数学教材的编写由于受到诸多限制，教材往往按定义—公理—定理—例题的模式编写。这实际上是将表达的思维与实际的创造过程颠倒了，这往往给学生形成一种错觉：数学几乎从定义到定理，数学的体系结构完全经过锤炼，已成定局。数学彻底地被人为地分为一章一节，好像成了一个个各自独立的堡垒，各种数学思想与方法之间的联系几乎难以找到。与此不同，数学史中对数学家们的创造思维活动过程有着真实的历史记录，学生从中可以了解到数学发展的历史长河，鸟瞰每个数学概念、数学方法与数学思想的发展过程，把握数学发展的整体概貌。这可以帮助学生从整体上把握自己所学知识在整个数学结构中的地位、作用，便于学生形成知识网络，形成科学系统。

3. 数学史有利于激发学生的学习兴趣

兴趣是推动学生学习的内在动力，决定着学生能否积极、主动地参与学习活动。笔者认为，如果能在适当的时候向学生介绍一些数学家的趣闻轶事或一些有趣的数学现象，那无疑是激发学生学习兴趣的一条有效途径。如阿基米德专心于研究数学问题而丝毫不知死神的降临，当敌方士兵用剑指向他时，他竟然只要求等他把还没证完的题目完成了再害他。又如，当学生知道了如何作一个正方形，使其面积等于给定正方形两倍后，告诉他们倍立方问题及其神话中的起源——只有造一个两倍于给定祭坛的立方祭坛，太阳阿波罗才会息怒。这些史料的引入，会让学生体会到数学并不是一门枯燥呆板的学科，而是一门不断进步的生动有趣的学科。

4. 数学史有利于培养学生的思维能力

数学史在数学教育中还有着更高层次的作用，那就是在学生数学思维的培养上。"让学生学会像数学家那样思考，是数学教育所要达到的目的之一。"数学一直被看成是思维训练的有效学科，数学史则为此提供了丰富而有力的材料。比如，我们知道毕氏定理有 370 多种证法，有的证法简洁漂亮，让人拍案叫绝；有的证法迂回曲折，让人豁然开朗。每一种证法，都是一条思维训练的有效途径。如球体积公式的推导，除我国数学家祖冲之的截面法外，还有阿基米德的力学法和旋转体逼近法、开普勒的棱锥求和法等。这些数学史实的介绍都有利于拓宽学生视野、培养学生全方位的思维能力。

5. 数学史有利于提高学生的数学创新精神

数学素养是作为一个有用的人应该具备的文化素质之一。米山国藏曾指出：学生们在初中、高中接受数学知识，可是毕业进入社会后几乎没有什么机会应用这种作为知识的数学，所以通常是出校门后不到一两年，很快就忘掉了。然而不管他们从事什么业务工作，那些深刻地铭刻于头脑中的数学精神、数学思维方法、数学研究方法、数学推理方法和着眼点等，都能随时随地发生作用，使他们受益终身。

数学史是穿越时空的数学智慧。说它穿越时空，是因为它历史久远而涉足的地域辽阔无疆。就中国数学史而言，在《周易·系辞》中就记载着："上古结绳而治，后世圣人易之以书契"，据考证，在殷墟出土的甲骨文卜辞中出现的最大的数字为三万；作为计算工具的"算筹"，其使用则在春秋时代就已经十分普遍……列举这些并非是要费神去探寻数学发展的足迹，而是为了说明一个事实，数学的诞生和发展是紧密地伴随着中华民族的精神、智慧的诞生和发展的。

将数学发展史有计划、有目的、和谐地与数学教学活动进行整合是数学教学中一项细致、深入而系统的工作，并非将一个数学家的故事或是一个数学发展史中的曲折事例放到某一个教学内容的后面那么简单。数学史要与教学内容在思想、观念方面，在整体上、技术上保持一致性和完整性。学习研读数学史将使我们获得思想上的启迪、精神上的陶冶，因为数学史不仅能体现数学文化的丰富内涵、深邃思想、鲜明个性，还能从科学的思维方式、思想方法、逻辑规律等角度，提高人们的智慧。数学史是丰富的、充盈的、智慧的、凝练的和深刻的，数学史在中学数学教学中的结合和渗透，是当前中学数学教学特别是高等数学教学应予重视和认真落实的一项教学任务。

二、我国数学教学改革概况

高等数学作为一门基础学科，已经广泛渗透到自然科学和社会科学的各个分支，为科学研究提供了强有力的手段，使科学技术获得了突飞猛进的发展，也为人类社会的发展创造了巨大的物质财富和精神财富。高等数学作为高校的一门必修的基础课程，为学生学习后继的专业课程和解决现实生活中的实际问题提供了必备的数学基础知识、方法和数学思想。近年来，虽然高等数学课程的教学已经进行了一系列的改革，但是受传统教学观念的影响，仍存在一些问题，这就需要教育工作者，尤其是数学教育工作者，在这方面进行不懈的探索、尝试与创新。

（一）高校高等数学教学的现状

（1）近年来，由于不断的扩招，一些基础较差的学生也进入了高校，学生的学习水平和能力变得参差不齐。

（2）教师对数学的应用介绍得不到位，与现实生活严重脱节，甚至没有与学生后继课程的学习做好衔接，从而给学生一种"数学没用"的错觉。

（3）高校在高等数学教学中教学手段相对落后，很多教师抱着板书这种传统的教学手段不放，在课堂上不停地说、写和画，总怕耽误了课程进度。在这种教学方式的束缚下，学生思考和理解得很少，不少学生对复杂、冗长的概念、公式和定理望而生畏，难以接受，渐渐地，教学缺乏了互动性，学生也失去了学习的兴趣。

（二）高等数学教学的改革措施

1. 高等数学与数学实验相结合，激发学生的学习兴趣

传统的高等数学教学中只有习题课，没有数学实验课，这不利于培养学生利用所学知识和方法解决实际问题的能力。如果高校开设数学实验课，有意识地将理论教学与学生上机实践结合起来，变抽象的理论为具体，使学生由被动接受转变为积极主动参与，激发学生学习本课程的兴趣，培养学生的创造精神和创新能力。在实验课的教学中，可以适量介绍 MATLAB、MATHEMATIC、LINGO、SPSS、SAS 等数学软件，学生在计算机上学习高等数学，可以加深对基本概念、公式和定理的理解。比如，教师可以通过实验演示函数在一点处的切线的形成，以加深学生对导数定义的理解；还可以在实验课上借助 MATHEMATIC 强大的计算和作图功能，来考察数列的不同变化情况，从而让学生对数列的不同变化趋势产生感性认识，加深对数列极限的理解。

2. 合理运用多媒体辅助教学的手段，丰富教学方法

我国已经步入大众化的教育阶段，在高校高等数学课堂教学信息量不断增大，而教学课时不断减少的情况下，利用多媒体进行授课便成为一种新型的和卓有成效的教学手段。

利用多媒体技术服务于高校的高等数学教学，改善了教师和学生们的教学环境，教师不必浪费时间于抄写例题等工作，可以将更多的精力投入到对教学的重点、难点的分析和讲解中，不但增加了课堂上的信息量，还提高了教学效率和教学质量。教师在教学实践中采用多媒体辅助教学的手段，创设直观、生动、形象的数学教学情境，通过运用计算机图形显示、动画模拟、数值计算及文字说明等方法，形成全新的图文并茂、声像结合、数形结合的教学环境，加深了学生对概念、方法和内容的理解，有利于激发学生的学习兴趣和思维能力，从而改变了以前较为单一枯燥的讲解和推导的教学手段，使学生积极主动地参与到教学过程中。例如，教师在引入极限、定积分、重积分等重要概念，介绍函数的两个重要极限，切线的几何意义时，不妨通过计算机作图对极限过程做一下动画演示；讲函数的傅里叶级数展开时，通过对某一函数展开次数的控制，观看其曲线的拟合过程。学生会很容易接受。

3. 充分发挥网络教学的作用，建立教师辅导、答疑制度

随着计算机和信息技术的迅速发展，网络教学的作用日益重要，逐渐成为学生日常学习的重要组成部分。教师的教学网站、校园教学图书馆等，是学生经常光临的第二课堂。每个学生都可以上网查找、搜索自己需要的资料，查看教师的电子教案，并通过电子邮件，网上教学论坛等与他人相互交流与探讨。教师可以将电子教案、典型习题解答、单元测试练习、知识难点解析、教学大纲等发布到网站上供学生自

主学习使用，还可以在网站上设立一些与数学有关的特色专栏，向学生介绍一些数学史知识、数学研究的前沿动态以及数学家的逸闻趣事，激发学生学习数学的兴趣，启发学生将数学中的思想和方法自觉应用到其他科学领域。

对于学生在数学论坛、教师留言板中提出的问题，教师要及时解答，并抽出时间集中辅导共同探讨，通过形成制度和习惯，增强教师的责任意识，引导学生深入钻研数学内容，这对学生学习的积极性和教学效果有着重要影响。

4. 在教学过程中渗透专业知识

如果教师在高等数学教学中只是一味地讲授数学理论和计算，而对学生后继课程的学习置若罔闻，就会使学生感到厌倦，学习积极性就不高，教学质量就很难得到保证。任课教师可以结合学生的专业知识进行讲解，培养学生运用数学知识分析和处理实际问题的能力，进而提升学生的综合素质，满足他们在后继专业课程对数学知识的需求。比如，教师在对机电类专业学生的授课中，第一堂课就可以引入电学中几个常用的函数；在导数概念之后立即介绍电学中几个常用的变化率（如电流强度）模型的建立；作为导数的应用，介绍最大输出功率的计算；在积分部分，加入功率的计算，等等。

总之，高等数学教学有自身的体系和特点，任课教师必须转变自己的思想，改进教学方法和手段，提高教学质量，充分发挥高等数学在人才培养中应有的作用。

三、我国基础教育数学课程改革概要

改革开放以来，我国社会主义建设取得了巨大成就和发展。我国教育进入了新的发展阶段，不仅实现了高等教育大众化，中等教育、高等教育也陆续得到了很好的发展，基础教育更是受到国家和政府的重视。但是，在取得成就之时，我国教育也相应地产生了一些问题，于是教育改革逐渐进入人们的视野。近些年，我国对基础教育的新课程改革引起了教育界和社会很大的关注。加快构建符合当下素质教育要求的基础教育新课程也自然成为全面推进基础教育及素质教育发展的关键环节。回顾近十年来我国对基础教育的新课程改革，既取得了可喜的成就，也反映出一些问题，这就需要我们在改革的同时不断思考，以取得更好的进步。

（一）基础教育新课程改革的成就

新课程改革在课程开发、课程体系和内容等方面进行了较大调整，都更好地来适应学生对于知识的掌握和对课程的学习巩固。在课程开发方面，新课程改革明确了课程开发的三个层次：国家、地方和学校。国家总体规划并制定课程标准。地方依据国家课程政策和本地实际情况，规划地方课程。学校则根据自身办学特点和资源条件，调动校长、教师、学生、课程专家等共同参与课程计划的制订、实施和评价工作。在课程体系方面，新课程改革表现为均衡性、综合性和选择性。设置的九年义务教育课程中，教育内容进行了更新，减少了课程门类，更加强调学科综合，并构建社会科学与自然科学等综合课程，如在普通高中阶段设置的语言与文学、数学、人文与社会、科学、技术、艺术、体育与健康和综合实践活动八个学习领域。

新课程改革集中体现了"以人为本"，"以学生为本"。"新课改"强调学习者自己积极参与并主动建构。在对知识建构过程中，强调对学生主动探究的学习方法的倡导，使学生在课程中不再是传统教育中的完全被动接受者，而是转为了真正意义上的知识建构者和主动学习者。教师在学生学习的过程中不再是外在的专制者，而是促进学生掌握知识的引导者和合作者。这种平等和谐的师生互动以及生生互动都极好地促进了学生对于课程的学习和对知识的掌握，也更好地推动了教学的开展实施。

新课程改革不仅强调学生对于知识的掌握，而且开始注重学生的品德发展，做到科学与人文并重，并注重对学生个性的培养发展。新课程改革在素质教育思想的指导下，对学生的评价内容从过分注重学业成绩转向注重多方面发展的潜力，关注学生的个别差异和发展的不同需求，力求促进每位学生的发展能与自己的志趣相联系。

（二）基础教育新课程改革的问题

（1）新课程改革的课程体系略有些复杂，这在一定程度上不利于部分教师对新课程的把握和讲解，尤其是一些老教师。面对新课程改革，部分教师反应不很顺手，甚至会陷入行动的"盲区"，教师要花费更多的时间精力研究"新课改"，适应"新课改"的教学方法，这给教师增添了比较大的负担。

（2）由于新课程改革强调学生主体地位的加强，强调师生关系的平等性，这也使部分教师一时无法适应角色的转变，在具体的课堂教学中，短时间内并不能很好地将其运用实践。

（3）在教师培养方面，目前师范院校的毕业生不能马上上岗，需培训一到两年，并且他们能否承担起实施"新课改"的任务，这也还是一大考验。而当前我国对高素质高能力教师的需求又比较大，因此在"新课改"实施过程中，教师的入职成为一大问题。

（三）基础教育新课程改革的建议

（1）面对新课程改革，教师不仅要丰富知识，还应该不断充实自我，逐渐改变以往的教学观念和教学方法。教师要从过去对知识的权威和框架限制中走出来，在课堂上真正地和学生共同学习共同探讨，重视研究型学习。学校要重视广纳贤才。

学校领导班子在认真分析本校教师素质状况的基础上，可以为教师组织"新课改"培训，以加强教师理论学习，并能在实践中领会贯彻新课程改革精神，融会贯通。学校可以组织教师观看"新课改"影碟观摩课，派骨干教师走出去参加培训学习，在全校范围内开展走进"新课改"的大讨论、演讲比赛，也可以相应开展一些教师论坛，讨论教师对"新课改"的认识和体会等。

（2）对于部分落后的农村地区以及条件设施差的学校，新课程改革还不能很好地开展实施。这种情况下，这些学校一方面可以向上级政府和教育主管部门申请教学资金，另一方面要鼓励广大师生积极行动起来，自己能做的教具学具就自己做，互帮互助，资源共享，以更好改善办学条件，推动"新课改"的实施。

基础教育新课程改革强调建立能充分体现学生学习主体性和能动性的新型学习方式，这不仅有利于学生的全面发展，而且很好地适应了我国素质教育的要求。在基础教育新课程改革这条道路上，我们要不断地回顾思考并总结完善自我，以使"新课改"能够走得更远更强。

第二节 弗赖登塔尔的数学教育理念

一、弗赖登塔尔数学教育思想的认识

弗赖登塔尔的数学教育思想主要体现在对数学的认识和对数学教育的认识上。他认为数学教育的目的应该是与时俱进的，并应针对学生的能力来确定；数学教学应遵循创造原则、数学化原则和严谨性原则。

（一）弗赖登塔尔对数学的认识

1.数学发展的历史

弗赖登塔尔强调，"数学起源于实用，它在今天比以往任何时候都更有用！但其实，这样说还不够，我们应该说：倘若无用，数学就不存在了。"从其著作的论述中我们可以看到，任何数学理论的产生都有其应用需求，这些"应用需求"对数学的发展起到了推动作用。弗赖登塔尔强调：数学与现实生活的联系，其实也就要求数学教学从学生熟悉的数学情境和感兴趣的事物出发，从而更好地学习和理解数学，并要求学生能够做到学以致用，利用数学来解决实际中的问题。

2.现代数学的特征

（1）数学的表达。弗赖登塔尔在讨论现代数学的特征的时候首先指出它的现代化特征是："数学表达的再创造和形式化的活动。"其实数学是离不开形式化的，数学更多时候表达的是一种思想，具有含义隐性、高度概括的特点，因此需要这种含义精确、高度抽象、简洁的符号化表达。

（2）数学概念的构造。弗赖登塔尔指出，数学概念的构造是从典型的通过"外延性抽象"到实现"公理化抽象"。现代数学越来越趋近于公理化，因为通过公理化抽象对事物的性质进行分析和分类，能得到更高的清晰度和更深入的理解。

（3）数学与古典学科之间的界限。弗赖登塔尔认为："现代数学的特点之一是它与诸古典学科之间的界限模糊。"首先现代数学提取了古典学科中的公理化方法，然后将其渗透到整个数学中；其次是数学也融入于别的学科之中，其中包括一些看起来与数学无关的领域也体现了一些数学思想。

（二）弗赖登塔尔对数学教育的认识

1. 数学教育的目的

弗赖登塔尔围绕数学教育的目的进行了研究和探讨，他认为数学教育的目的应该是与时俱进的，而且应该针对学生的能力来确定。他特别研究了以下几个方面：

（1）应用

弗赖登塔尔认为："应当在数学与现实的接触点之间寻找联系。"而这个联系就是数学应用于现实。数学课程的设置也应该与现实社会联系起来，这样学习数学的学生才能够更好地走进社会。其实，从现在计算机课程的普及可以看出弗赖登塔尔这一看法是经得起实践考验的。

（2）思维训练

弗赖登塔尔对"数学是否是一种思维训练？"这一问题感到棘手，尽管其意愿的答案是肯定的。但更进一步，他曾给大学生和中学生提出了许多数学问题，其测试的结果是，学生在受过数学教育以后，对那些数学问题的看法、理解和回答均大有长进。

（3）解决问题

弗赖登塔尔认为：数学之所以能够得到人们的高度评价，其原因是它解决了许多问题。这是对数学的一种信任。而数学教育自然就应当把"解决问题"作为其又一目的，这其实也是实践与理论的一种结合。其实从现在的评价与课程设计等中都可以看出这一数学的教育目的。

2. 数学教学的基本原则

（1）再创造原则。弗赖登塔尔把数学作为一种活动来进行解释和分析，将建立这一基础之上的教学方法称为再创造方法。再创造是整个数学教育最基本的原则，适用于学生学习过程的不同层次，应该使数学教学始终处于积极、发现的状态。笔者认为"情境教学"与"启发式教学"就遵循了这一原则。

（2）数学化原则。弗赖登塔尔认为：数学化不仅仅是数学家的事，也应该被学生所学习，用数学化组织数学教学是数学教育的必然趋势。他进一步强调："没有数学化就没有数学，特别是，没有公理化就没有公理系统，没有形式化也就没有形式体系。"这里，可以看出弗赖登塔尔对夸美纽斯倡导的"教一个活动的最好方法是演示，学一个活动最好的方法是做。"是持赞同意见的。

（3）严谨性原则。弗赖登塔尔将数学的严谨性定义为："数学可以强加上一个有力的演绎结构，从而在数学中不仅可以确定结果是否正确，而且甚至可以确定结果是否已经正确地建立起来。"而且严谨性是相对于具体的时代、具体的问题来做出判断的；严谨性有不同的层次，每个问题都有相应的严谨性层次，教师应教会学生通过不同层次的学习来理解并获得自己的严谨性。

二、弗赖登塔尔数学教育思想的现实意义

弗赖登塔尔（1905—1990）是荷兰著名的数学家和数学教育家，公认的国际数学教育权威，他于20世纪50年代后期发表的一系列教育著作在当时的影响力遍及全球。虽历经半个多世纪的历史洗涤，但弗翁的教育思想在今天看来却依然熠熠生辉，历久弥新。今天我们重温弗翁的教育思想，发现"新课改"倡导的一些核心理念，在弗翁的教育论著中早有深刻阐述。因此，领会并贯彻弗翁教育思想，对于今天的课堂教学仍然深具现实意义。身处课程改革中的数学教育同仁们，理当把弗翁的教育思想奉为经典来品味咀嚼，并能积极践行其教育主张，从中汲取丰富的思想养料，获得教学启示。

（一）"数学化"思想的内涵及其现实意义

弗赖登塔尔把"数学化"作为数学教学的基本原则之一，并指出："……没有数学化就没有数学，没有公理化就没有公理系统，没有形式化也就没有形式体系。……因此数学教学必须通过数学化来进行。"弗翁的"数学化"，一直被作为一种优秀的教育思想影响着数学教育界人士的思维方式与行为方式，对全世界的数学教育都产生了极其深刻的影响。

何为"数学化"？"笼统地讲，人们在观察现实世界时，运用数学方法研究各种具体现象，并加以整理和组织的过程，就是数学化。"同时他强调数学化的对象分为两类，一类是现实客观事物，另一类是数学本身。以此为依据，数学划分为横向数学化和纵向数学化。横向数学化指对客观世界进行数学化，它把生活世界符号化，

其一般步骤为：现实情境—抽象建模——般化—形式化。今天"新课改"倡导的教学模式就是遵循这四个阶段进行的。纵向数学化是指横向数学化后，将数学问题转化为抽象的数学概念与数学方法，以形成公理体系与形式体系，使数学知识体系更系统、更完美。

目前一些教师或许是教育观念上还存在着偏差，或许是应试教育大环境引发的短视功利心的驱动，常把数学化（横向）的四个阶段简约为最后一个阶段，即只重视数学化后的结果——形式化，而忽略得到结果的"数学化"过程本身。斩头去尾烧中段的结果，是学生学得快但忘得更快。弗赖登塔尔批评道：这是一种"违反教学法的颠倒"。也就是说，数学教学绝不能仅仅是灌输现成的数学结果，而是要引导学生自己去发现和得出这些结果。许多大家持同样观点，美国心理学家戴维斯就认为：在数学学习中，学生进行数学工作的方式应当与数学家做研究类似，这样才有更多的机会取得成功。笛卡儿与莱布尼茨说："……知识并不是只来自一种线性的，从上演绎到下的纯粹理性……，真理既不是纯粹理性，也不是纯粹经验，而是理性与经验的循环。"康德说："没有经验的概念是空洞的，没有概念的经验是不能构成知识的。"

"纸上得来终觉浅，绝知此事要躬行"，"数学化"方式使学生的知识源自现实，也就容易在现实中被触发与激活。"数学化"过程能让学生充分经历从生活世界到符号化、形式化的完整过程，积累"做数学"的丰富体验，收获知识、问题的解决策略、数学价值观等多元成果。另一方面，"数学化"对学生的远期与近期发展兼具重大意义。从长远看，学生要适应未来的职业周期缩短、节奏加快、竞争激烈的现代社会，使数学成为整个人生发展的有用工具，就意味着数学教育要给学生除知识外的更加内在的东西，这就是数学的观念、用数学的意识。因为学生如果不是在与数学相关的领域工作，他们学过的具体数学定理、公式和解题方法大多是用不上的，但不管从事什么工作，从"数学化"活动中获得的数学式思维方式与看问题的着眼点，把现实世界转化为数学模式的习惯，努力揭示事物本质与规律的态度，等等，都会随时随地发生作用。

张奠宙先生曾举过一例，一位中学毕业生在上海和平饭店做电工，从空调机使用效果的不同，他发现地下室到 10 楼的一根电线与众不同，现需测知其电阻。在别人因为距离长而感到困难的时候，他想到对地下室到 10 楼的三根电线进行统一处理。在 10 楼处将电线两两相接，在地下室分三次测量，然后用三元一次方程组计算出了需要的结果。这位电工后来又做过几次类似的事情，他也因此很快得到了上级的赏识与重视。这位电工解决问题的方法，并不完全是曾经做过类似数学题的方法，而是得益于他有利用数学的意识。在现实生活中，有了数学式的观念与意识，我们就总想把复杂问题转化为简单问题，就总是试图揭示出面临的问题的本质与规律，就容易经济高效地处理问题，从而凸显出卓尔不群的才干，进而提高我们工作与生活的品质。

从近期讲，经历"数学化"过程，让学生亲历了知识形成的全过程，且在获取知识的过程中，学生要重建数学家发现数学规律的过程，其中探究中对前行路径的自主猜测与选择、自主分析与比较、在克服困境中的坚守与转化、在发现解决问题的方法时获得的智慧满足与兴奋、在历经挫折后对数学式思维的由衷欣赏，以及由此产生的对于数学情感与态度方面的变化，无一不是"数学化"带给学生生命成长的丰厚营养。波利亚说："只有看到数学的产生，按照数学发展的历史顺序或亲自从事数学发现时，才能最好地理解数学。"同时，亲历形成过程得到的知识，在学生的认知结构中一定处于稳固地位，记忆持久，调用自如，迁移灵活。从而十分有利于学生当下应试水平的提高。除知识外，学生在"数学化"活动中将收获到包含数学史、数学审美标准、元认知监控、反思调节等多元成果，这些内容不仅有益于加深学生对数学价值的认识，更有益于增强学生的内部学习动机，增强用数学的意识与能力，这绝不是只向学生灌输成品数学所能达到的效果。

（二）"数学现实"思想的内涵及其现实意义

新课程倡导在引入新课时，要从学生的生活经验与已有的数学知识出发创设情境，这种观点，早在半个世纪前的弗翁教育论著中就已涉及。弗翁强调，教学"应该从数学与它所依附的学生亲身体验的现实之间去寻找联系"，并指出，"只有源于现实关系，寓于现实关系的数学，才能使学生明白和学会如何从现实中提出问题与解决问题，如何将所学知识更好地应用于现实"。弗翁的"数学现实"观告诉我们，每个学生都有自己的数学现实，即接触到的客观世界中的规律以及有关这些规律的数学知识结构。它不但包括客观世界的现实情况，也包括学生使用自己的数学能力观察客观世界所获得的认识。教师的任务在于了解学生的数学现实并不断地扩展提升学生的"数学现实"。

"数学现实"思想，让我们知晓了创设情境的真正教学意图及创设恰当情境对于教学的重要意义。首先，情境应该源于学生的生活常识或认知现状，前者的引入方式可以摆脱机械灌输概念的弊端，现实情境的模糊性与当堂知识联系的隐蔽性更有利于学生进行"数学化"活动，有利于学生主意自己拿，方法自己找，策略自己定，有利于学生逐步积淀生成正确的数学意识与观念，后者是学生进行意义建构的基本要求。其次，教师有效教学的必要前提，是了解学生的数学现实，一切过高与过低的、与学生数学现实不吻合的教学设计必定不会有好的教学效果。由此我们也就理解了新数运动失败的一个重要原因，是过分拔高了学生的数学现实；同时也就理解了为什么在课改之初，一些课堂数学活动的"幼稚化"会遭到一些专家的诟病，就是因为没有紧贴学生的数学现实贴船下篙。"如果我不得不把全部教育心理学还原为一条原理的话，我将会说，影响学习的唯一最重要因素是学习者已经知道了什么。"奥苏贝尔的话恰好也道出了"数学现实"对教学的重要意义。

（三）"有指导的再创造"思想的内涵及其现实意义

1. "有指导的再创造"中"再"的意义及启示

弗赖登塔尔倡导按"有指导的再创造"的原则进行数学教学，即要求教师要为学生提供自由创造的广阔天地，把课堂上本来需要教师传授的知识、需要浸润的观念变为学生在活动中自主生成、缄默感受的东西。弗翁认为，这是一种最自然、最有效的学习方法。这种以学生的"数学现实"为基础的创造学习过程，是让学生的数学学习重复一些数学发展史上的创造性思维的过程。但它并非亦步亦趋地沿着数学史的发展轨迹，也让学生在黑暗中慢慢地摸索前行，而是通过教师的指导，让学生绕开历史上数学前辈们曾经陷入的困境和僵局，避免他们在前进道路上所走过的弯路，浓缩前人探索的过程，依据学生现有的思维水平，沿着一条改良修正的道路快速前进。所以，"再创造"的"再"的关键是教学中不应该简单重复当年的真实历史，而是要结合当初数学史的发明发现特点，结合教材内容，更要结合学生的认知现实，致力于历史的重建或重构。弗翁的理由是："数学家从来不按照他们发现、创造数学的真实过程来介绍他们的工作，实际上经过艰苦曲折的思维推理获得的结论，他们常常以'显而易见'或是'容易看出'轻描淡写地一笔带过；而教科书则做得更彻底，往往把表达的思维过程与实际创造的进程完全颠倒，因而阻塞了'再创造的通道'。"

我们不难看到，今天的许多常规课堂，由于课时紧、自身水平有限、工作负担重、应试压力大等原因，教师们常常喜欢用开门见山、直奔主题的方式来进行，按"讲解定义—分析要点—典例示范—布置作业"的套路教学，学生则按"认真听讲—记忆要点—模仿题型—练习强化"的方式日复一日地学习。然而，数学课如果总是以这样的流程来操作，学生失去的，将是亲身体验知识形成中的对问题的分析、比较、对解决问题中的策略的自主选择与评判，对常用手段与方法的提炼、反思的机会。杜威说："如果学生不能筹划自己解决问题的方法，自己寻找出路，他就学不到什么，即使他能背出一些正确的答案，百分之百正确，他还是学不到什么。"其实，学习数学家的真实思维过程对学生数学能力的发展至关重要。张乃达先生说得好："人们不是常说，要学好学问，首先就要学做人吗？在数学学习中，怎样学习做人？学做什么样的人？这当然就是要学做数学家！要学习数学家的'人品'。而要学做数学家，当然首先就要学习数学家的眼光！"这只能从数学家"做数学"的思维方式中去学习。

德·摩根就提倡这种"再创造"的教学方式。他举例说，教师在教代数时，不要一下子把新符号都解释给学生，而应该让学生按从完全书写到简写的顺序学习符号，就像最初发明这些符号的人一样。庞加莱认为："数学课程的内容应完全按照数学史上同样内容的发展顺序展现给读者，教育工作者的任务就是让孩子的思维经历其祖先之所经历，迅速通过某些阶段而不跳过任何阶段。"波利亚也强调学生学习数学应重新经历人类认识数学的重大几步。

例如，从 1545 年卡丹讨论虚数并给出运算方法，到 18 世纪复数广为人们接受，经历了 200 多年时间，其间包括大数学家欧拉都曾认为这种数只存在于"幻想之中"。教师教授复数时，当然无须让学生重复当初人类发明复数的艰辛漫长的历程，但可以把复数概念的引入，也设计成当初数学家遇到的初始问题，即"两个数的和是 10，积是 40，求这两个数"，让学生面临当初数学家同样的困窘。这时教师让学生了解从自然数到正分数、负整数、负分数、有理数、无理数、实数的发展历程，以及数学共同体对数系扩充的规则要求。启发学生，对于前面的每一种数都找到了它的几何表征并研究其运算，那么复数呢，能否有几何表征方式？复数的运算法则又是什么样的？……这样的教学，既避免了学生无方向的低效摸索，又让学生在教师的科学有效的引导下，像数学家一样经历了数学知识的创造过程。在这一过程中，学生获得的智能发展，远比被动接受教师传授来得透彻与稳固。正如美国谚语所说：我听到的会忘记，看到的能记住，唯有做过的才入骨入髓。

2. "有指导的再创造"中"有指导"的内涵及现实意义

弗翁认为，学生的"再创造"，必须是"有指导"的。因为，学生在"做数学"的活动中常处于结论未知、方向不明的探究环境中。若放任学生自由探究而教师不作为，学生的活动极有可能陷入盲目低效或无效的境地。打个比方，让一个盲人靠自己的摸索到他从来没有去过的地方，他或许花费太多的时间，历尽艰辛，通过摸爬滚打最终能到达目的地，但更有可能摸索到最后还是无功而返。如果把正在探索过程中的学生比喻为看不清知识前景的盲人，教师作为知识的明眼人，就应该始终站在学生身后的不远处。学生碰到沟壑，教师能上前牵引他；当他走反了方向时，上前把他指引到正确的道路上来，这就是教师"有指导"的意义。另外，并不是学生经过数学化活动就能自动生成精致化的数学形式定义。事实上，数学的许多定义是人类经过上百年、数千年，通过一代代数学家的不断继承、批判、修正、完善，才逐步精致严谨起来的，想让学生自己通过几节课就生成出形式化概念是不可能的。所以说，学生的数学学习，更主要还是一种文化继承行为。弗翁强调"指导再创造意味着在创造的自由性与指导的约束性之间，以及在学生取得自己的乐趣和满足教师的要求之间达到一种微妙的平衡"。当前教学中有一种不好的现象，即把学生在学习活动中的主体地位与教师的必要指导相对立，这显然与弗翁的思想相背离。当然，教师的指导最能体现其教学智慧，体现在何时、何处、如何介入到学生的思维活动中。

（1）如何指导——用元认知提示语引导。在"做数学"的活动中，对学生启发的最好方式是用元认知提示语，教师要根据探究目标隐蔽性的强弱，知识目标与学生认知结构潜在距离的远近，设计暗示成分或隐或显的元认知问题。一个优秀的教师一定是善用元认知提示语的教师。

（2）何时指导——在学生处于思维的迷茫状态时。不给学生充分的活动时空，不让学生经历一段艰难曲折的走弯路过程，教师就介入到活动中，这不是真正意义上的"数学化"教学。在教师的过早干预下，也许学生知识、技能学得快一些，但学生学得快忘得更快。所以，教师只有在学生心求通而不得时点拨，在学生的思维偏离了正确的方向时引领，才能充分发挥师生双方的主观能动性，让学生在挫折中体会出数学思维的特色与数学方法的魅力。

第三节　波利亚的解题理念

乔治·波利亚（George Polya，1887—1985），美籍匈牙利数学家，20世纪举世公认的数学教育家，享有国际盛誉的数学方法论大师。他在长达半个世纪的数学教育生涯中，为世界数学的发展立下了不可磨灭的功勋。他的数学思想对推动当今数学教育的改革与发展仍有极大的指导意义。

一、波利亚数学教育思想概述

（一）波利亚的解题教学思想

波利亚认为，"学校的目的应该是发展学生本身的内蕴能力，而不仅仅是传授知识"。在数学学科中，能力指的是什么？波利亚说："这就是解决问题的才智——我们这里所指的问题，不仅仅是寻常的，它们还要求人们具有某种程度的独立见解、判断力、能动性和创造精神。"他发现，在日常解题和攻克难题而获得数学上的重大发现之间，并没有不可逾越的鸿沟。要想有重大的发现，就必须重视平时的解题。因此，他说，"中学数学教学的首要任务就是加强解题的训练"，通过研究解题方法看到"处于发现过程中的数学"。他把解题作为培养学生数学才能和教会他们思考的一种手段与途径。这种思想得到了国际数学教育界的广泛赞同。波利亚的解题训练不同于"题海战术"，他反对让学生做大量的题，因为大量的"例行运算"会"扼杀学生的兴趣，妨碍他们的智力发展"。因此，他主张与其穷于应付烦琐的教学内容和过量的题目，还不如选择一个有意义但又不太复杂的题目去帮助学生深入发掘题目的各个侧面，使学生通过这道题目，就如同通过一道大门而进入一个崭新的天地。

比如，"证明根号 2 是无理数"和"证明素数有无限多个"就是这样的好题目，前者是通向实数的精确概念，后者是通向数论的门户，打开数学发现大门的金钥匙往往就在这类好题目之中。波利亚的解题思想集中反映在他的《怎样解题》一书中，该书的中心思想是解题过程中怎样诱发灵感。书的一开始就是一张"怎样解题表"，在表中收集了一些典型的问题与建议，其实质是试图诱发灵感的"智力活动表"。正如波利亚在书中所写的："我们的表实际上是一个在解题中典型有用的智力活动表"，"表中的问题和建议并不直接提到好念头，但实际上所有的问题和建议都与它有关"。"怎样解题表"包含四部分内容，即弄清问题、拟订计划、实现计划、回顾。"弄清问题是为好念头的出现做准备；拟订计划是试图引发它；在引发之后，我们实现它；回顾此过程和求解的结果，是试图更好地利用它。"波利亚所讲的好念头，就是指灵感。《怎样解题》一书中有一部分内容叫"探索法小词典"，从篇幅上看，它占全书的 4/5。"探索法小词典"的主要内容就是配合"怎样解题表"，对解题过程中典型有用的智力活动做进一步解释。全书的字里行间，处处给人一种强烈的感觉：波利亚强调解题训练的目的是引导学生开展智力活动，提高数学才能。

从教育心理学角度看，"怎样解题表"的确是十分可取的。利用这张表，教师可行之有效地指导学生自学，发展学生独立思考和进行创造性活动的能力。在波利亚看来，解题过程就是不断变更问题的过程。事实上，"怎样解题表"中许多问题和建议都是"直接以变化问题为目的的"，如你知道与它有关的问题吗？是否见过形式稍微不同的题目？你能改述这道题目吗？你能不能用不同的方法重新叙述它？你能不能想出一个更容易的有关问题？一个更普遍的问题？一个更特殊的问题？一个类似的问题？你能否解决这道问题的一部分？你能不能由已知数据导出某些有用的东西？能不能想出适于确定未知数的其他数据？你能改变未知数，或已知数，必要时改变两者，使新未知数和新的已知数更加接近吗？波利亚说："如果不'变更问题'，我们几乎不能有什么进展。""变更问题"是《怎样解题》一书的主旋律。"题海"是客观存在的，我们应研究对付"题海"的战术。波利亚的"表"切实可行，给出了探索解题途径的可操作机制，被人们公认为"指导学生在题海游泳"的"行动纲领"。著名的现代数学家瓦尔登早就说过，"每个大学生，每个学者，特别是每个教师都应读《怎样解题》这本引人入胜的书"。

（二）波利亚的合情推理理论

通常，人们在数学课本中看到的数学是"一门严格的演绎科学"。其实，这仅是数学的一个侧面，是已完成的数学。波利亚大力宣扬数学的另一个侧面，那就是创造过程中的数学，它像"一门实验性的归纳科学"。波利亚说，数学的创造过程与任何其他知识的创造过程一样，在证明一个定理之前，先得猜想、发现出这个定理的内容，在完全做出详细证明之前，还得不断检验、完善、修改所提出的猜想，还得推测证明的思路。在这一系列的工作中，需要充分运用的不是论证推理，而是合情推理。论证推理以形式逻辑为依据，每一步推理都是可靠的，因而可以用来肯定数学知识，建立严格的数学体系。合情推理则只是一种合乎情理的、好像为真的推理。例如，律师的案情推理、经济学家的统计推理、物理学家的实验归纳推理等，它的结论带有或然性。合情推理是冒风险的，它是创造性工作所赖以进行的那种推理。合情推理与论证推理两者互相补充，缺一不可。

波利亚的《数学与合情推理》一书通过历史上一些有名的数学发现的例子分析说明了合情推理的特征和运用，首次建立了合情推理模式，开创性地用概率演算讨论了合情推理模式的合理性，试图使合情推理有定量化的描述，还结合中学教学实际呼吁："要教学生猜想，要教合情推理"，并提出了教学建议。这样就在笛卡儿、欧拉、马赫、波尔察诺、庞加莱、阿达玛等数学大师的基础上前进了一步，他无愧于当代合情推理的领头人。数学中的合情推理是多种多样的，而归纳和类比是两种用途最广的特殊合情推理。拉普拉斯曾说过："甚至在数学里，发现真理的工具也是归纳与类比。"因而波利亚对这两种合情推理给予了特别重视，并注意到更广泛的合情推理。他不仅讨论了合情推理的特征、作用、范例、模式，还指出了其中的教学意义和教学方法。

波利亚反复呼吁：只要我们能承认数学创造过程中需要合情推理、需要猜想的话，数学教学中就必须有教猜想的地位，必须为发明做准备，或至少给一点发明的尝试。对于一个想以数学作为终身职业的学生来说，为了在数学上取得真正的成就，就得掌握合情推理；对于一般学生来说，他也必须学习和体验合情推理，这是他未来生活的需要。他亲自讲课的教学片《让我们教猜想》荣获 1968 年美国教育电影图书协会十周年电影节的最高奖——蓝色勋带。1972 年，他到英国参加第二届国际数学教育会议时，又为 BBC 开放大学录制了第二部电影教学片《猜想与证明》，并于 1976 年与 1979 年发表了《猜想与证明》和《更多的猜想与证明》两篇论文。怎样教猜想？怎样教合情推理？没有十拿九稳的教学方法。波利亚说，教学中最重要的就是选取一些典型教学结论的创造过程，分析其发现动机和合情推理，然后再让学生模仿范例去独立实践，在实践中发展合情推理能力。教师要选择典型的问题，创设情境，让学生饶有兴趣地自觉去试验、观察，得到猜想。"学生自己提出了猜想，也就会有追求证明的渴望，因而此时的数学教学最富有吸引力，切莫错过时机。"波利亚指出，要充分发挥班级教学的优势，鼓励学生之间互相讨论和启发，教师只有在学生受阻的时候才给些方向性的揭示，不能硬把他们赶上事先预备好的道路，这样学生才能体验到猜想、发现的乐趣，才能真正掌握合情推理。

（三）波利亚论教学原则及教学艺术

有效的教学手段应遵循一些基本的原则，而这些原则应当建立在数学学习原则的基础上，为此，波利亚提出了下面三条教学原则：

1. 主动学习原则

学习应该是积极主动的，不能只是被动的，不经过自己的脑子活动就很难学到什么新东西，就是说学东西的最好途径是亲自去发现它。这样，自己会体验到思考的紧张和发现的喜悦，有利于养成正确的思维习惯。因此，教师必须让学生主动学习，让思想在学生的头脑里产生，教师只起辅助的作用。教学应采用苏格拉底回答法：向学生提出问题而不是讲授全部现成结论，对学生的错误不是直接纠正，而是用另外的补充问题来帮助暴露矛盾。

2. 最佳动机原则

如果学生没有行动的动机，就不会去行动。而学习数学的最佳动机是对数学知识的内在兴趣，最佳奖赏应该是聚精会神的脑力活动所带来的快乐。作为教师，你的职责是激发学生的最佳动机，使学生信服数学是有趣的，相信所讨论的问题值得花一番功夫。为了使学生产生最佳动机，引入问题时，尽量诙谐有趣。在做题之前，可以让学生猜猜该题的结果，或者部分结果，旨在激发兴趣，培养探索习惯。

3. 循序阶段原则

"一切人类知识以直观开始，由直观进至概念，而终于理念"，波利亚将学习过程区分为三个阶段：

①探索阶段———行动和感知；

②阐明阶段———引用词语，提高到概念水平；

③吸收阶段———消化新知识，吸取到自己的知识系统中。

教学要尊重学习规律，要遵循循序阶段原则，要把探索阶段置于数学语言表达（如概念形成）之前，而又要使新学知识最终融汇于学生的整体智慧之中。新知识的出现不能从天而降，应密切联系学生的现有知识、日常经验、好奇心等，给学生"探索阶段"；学了新知识之后，还要把新知识用于解决新问题或更简单地解决老问题，建立新旧知识的联系，新知识的吸收，可以把原有知识的结构看得更清晰，进一步开阔眼界。波利亚说，遗憾的是，现在的中学教学里严重存在忽略探索阶段和吸收阶段的现象。

以上三个原则实际上也是课程设置的原则，比如，教材内容的选取和引入，课题分析和顺序安排，语言叙述和习题配备等问题也都要以学和教的原则为依据。有效的教学，除了要遵循学与教的原则外，还必须讲究教学艺术。波利亚明确表示，教学是一门艺术。教学与舞台艺术有许多共同之处，有时，一些学生从你的教态上学到的东西可能比你讲的东西还多一些，为此，你应该略做表演。教学与音乐创作也有共同点，数学教学不妨吸取音乐创作中预示、展开、重复、轮奏、变奏等手法。教学有时可能接近诗歌。波利亚说，如果你在课堂上情绪高涨，感到自己诗兴欲发，那么不必约束自己；偶尔想说几句似乎难登大雅的话，也不必顾虑重重。"为了表达真理，我们不能蔑视任何手段"，追求教学艺术亦应如此。

4. 波利亚论数学教师的思和行

波利亚把数学教师的素质和工作要点归结为以下十条：

（1）教师首要的金科玉律是：自己要对数学有浓厚的兴趣。如果教师厌烦数学，那学生也肯定会厌烦数学。因此，如果你对数学不感兴趣，你就不要去教它，因为你的课不可能受学生欢迎。

（2）熟悉自己的科目———数学科学。如果教师对所教的数学内容一知半解，那么即使有兴趣，有教学方法及其他手段，也难以把课教好，你不可能一清二楚地把数学教给学生。

（3）应该从自身学习的体验中以及对学生学习过程的观察中熟知学习过程，懂得学习原则，明确认识到:学习任何东西的最佳途径是亲自独立地去发现其中的奥秘。

（4）努力观察学生们的面部表情。觉察他们的期望和困难，设身处地把自己当作学生。教学要想在学生的学习过程中收到理想的效果，就必须建立在学生的知识背景、思想观点以及兴趣爱好等基础之上。波利亚说，以上四条是搞好数学教学的精髓。

（5）不仅要传授知识，还要教技能技巧，培养思维方式以及得法的工作习惯。

（6）让学生学会猜想问题。

（7）让学生学会证明问题。严谨的证明是数学的标志，也是数学对一般文化修养的贡献中最精华的部分。倘若中学毕业生从未有过数学证明的印象，那他便少了一种基本的思维经验。但要注意，强调论证推理教学，也要强调直觉、猜想的教学，这是获得数学真理的手段，而论证则是为了消除怀疑。教证明题要根据学生的年龄特征来处理，一开始教学生数学证明时，应该多着重于直觉洞察，少强调演绎推理。

（8）从手头的题目中寻找出一些可能用于解眼前题目的特征———揭示出存在于当前具体情况下的一般模式。

（9）不要把你的全部秘诀一股脑儿地倒给学生，要让他们先猜测一番，然后你再讲给他们听，让他们独立地找出尽可能多的东西。要记住，"使人厌烦的艺术是把一切细节讲得详而又尽。——伏尔泰"

（10）启发问题，不要填鸭式地硬塞给学生。

二、波利亚解题理论下的解题思维教学

作为一名数学家，波利亚在众多的数学分支领域都颇有建树，并留下了以他的名字命名的术语和定理；作为一名数学教育家，波利亚有丰富的数学教育思想和精湛的教学艺术；作为一名数学方法论大师，波利亚开辟了数学启发法研究的新领域，为数学方法论研究的现代复兴奠定了必要的理论基础。他的名著《怎样解题》中提到的解题过程，对规范学生的数学解题思维很有成效。

（一）弄清问题

一个问题摆在面前，它的未知数是什么，已知数又是什么？条件是什么，结论又是什么？给出条件是否能直接确定未知数？若直接条件不够充分，那隐性的条件有哪些？所给的条件会不会是多余的？或者是矛盾的呢？弄清这些情况后，往往还要画画草图、引入适当的符号加以分析。

有的学生没能把问题的内涵理解透，凭印象解答，贸然下手，结果可想而知。

其实，若能按照乔治•波利亚《怎样解题》中说的画画草图进而弄清问题，就能很快找出答案。这不禁也让我想起我国著名数学家华罗庚教授描写"数形结合"的一首诗：数形本是相倚依，焉能分做两边飞。数缺形时少直觉，形缺数时难入微。数形结合百般好，割裂分家万事休。几何代数统一体，永远联系莫分离。

（二）拟订计划

大多数问题往往不能一下子就迎刃而解，这时你就要找间接的联系，考虑辅助条件，如添加必要的辅助线，找出已知量和未知量之间的关系，此时你应该拟订一个求解的计划。有的学生认为，解数学题要拟订什么计划，会做就会做，不会做就不会做。其实不然，对于解题，要着手解决前，你会考虑很多，脑袋瓜会闪出很多问题，比如，以前见过它吗？是否遇到过相同的或形式稍有不同的此类问题？我该用什么方法来解答为好呢？哪些定理公式我可以用呢？诸如此类的问题。

在自问自答的过程中，就是自我拟订计划的过程，若学生经常这样思考，并加以归纳，就能较快找到解决该问题的最佳途径。

例如，平面解析几何中在讲对称时，笔者常举以下几个例子让学生加以练习：

第一小题是点与点之间对称的问题；第二小题和第三小题是个相互的问题，一题是直线关于点对称最终求直线的问题，另一题是点关于直线对称最终求点的问题；第四小题是直线关于直线对称的问题，这个问题要考虑两条直线是平行还是相交的情况。

通过对以上问题的分析归纳，学生再碰到此类对称的问题就能得心应手了，能

以最快的时间拟出解决方案，即拟订好计划，少走弯路。另外对点、直线和圆的位置关系的判断也可以进行同样的探讨，做到举一反三。

在拟订计划中，有时不能马上解决所提出的问题，此时可以换个角度考量。譬如：

（1）加入辅助元素后可不可以重新叙述该问题，或能不能用另外一种方法来重新描述该问题；

（2）对于该问题，我能不能先解决一个与此有关的问题，或能不能先解决和该问题类似的问题，然后利用预先解决的问题去拟订解决该问题的计划；

（3）能不能进一步探讨，保持条件的一部分，舍去其余部分，这样的话对于未知数的确定会有怎么样的变化，或者能不能从已知数据导出某些有用的东西，进而改变未知数或数据（或者二者都改变），这样能不能使未知量和新数据更加接近，进而解答问题；

（4）是否已经利用了所有的已知数据，是否考虑了包含在问题中的所有必要的概念，原先自己凭印象给出的定义是否准确。碰到问题一时无法解决，采用上述的不同角度进行思考，应该很快就可以找到解决问题的方法了。

（三）实行计划

实施解题所拟订的计划，并认真检验每一个步骤和过程，必须证明或保证每一步的准确性。出现谬论或前后相互矛盾的情况，是因为在实行计划中没能每一步都是按正确的方向来走。例如，有这样的一个诡辩题，题目大意如下：龟和兔，大家都知道肯定是兔子跑得快，但如果让乌龟提前出发 10 米，这时乌龟和兔子一起开跑，那样的话兔子永远都追不上乌龟。从常识上看这结论肯定错误，但从逻辑上分析：当兔子赶上乌龟提前出发的这 10 米的时候，是需要一段时间的，假设是 10 秒，那在这 10 秒里，乌龟又往前跑了一小段距离，假设为 1 米，当兔子再追上这 1 米，乌龟又往前移动了一小段距离，如此这样下去，不管兔子跑得有多快，但只能无限接近乌龟而不能超过。这个问题问倒了很多人（当然包括学生），问题出在哪儿呢？问题就出在假设上，假设出现了问题，就是实行计划的第一步出现错误，你能说结论会正确吗？

这样的诡辩题在数学上有很多，有的一开始就是错的，如同上面的例子；有的在解题过程中出现错误；有的采用循环论证，用错误的结论当作定理去证明新的问题；还有的偷换概念。例如，学生们之间经常讨论的一个例子：有 3 个人去投宿，一个人晚上 30 元，3 个人每人掏了 10 元凑够 30 元交了老板，后来老板说今天优惠只要 25 元就够了，于是老板拿出 5 元让服务生退还给他们，而服务生偷偷藏起了 2 元，然后把剩下的 3 元钱分给了那 3 个人，每人分到 1 元。现在来算算，一开始每人掏了 10 元，现在又退回 1 元，也就是 10–1=9，每人只花了 9 元钱，3 个人每人 9 元，

3×9=27 元 + 服务生藏起的 2 元 =29 元，还有一元钱哪去了？这问题就是偷换概念，不同类的钱数目硬性加在一起。所以，在实行计划中，检验是非常关键的。

（四）回顾

最后一步是回顾，就是最终的检测和反思了。把结果进行检测，判断是否正确；这道题还有没有其他的解法；现在能不能较快看出问题的实质所在；能不能把这个结论或方法当作工具用于其他的问题的解答，等等。

一题多解，举一反三，这在数学解题中经常出现。

通过问题的解答过程以及最终结论的检验，在今后遇到同样或类似问题时，能不能直接找到问题的实质所在或答案，就要看你的"数感"（对数学的感知感觉）如何了。例如，空间四边形四边中点依次连接构成平行四边形，有了这感觉，回忆起以前学的正方形、长方形、菱形、梯形或任意四边形的四边中点依次连接所成的图形，就不难得出答案了。

数学是一门工具学，某个问题解决了，要是所获得的经验或结论可以作为其他问题解决的奠基石，那么解决这个数学问题的目的就达到了。古人在长期的生产生活中，给我们留下了不少经验和方法，体现在数学上就是定理或公式了，为我们的继续研究创造了不少的先决条件，不管在时间上还是空间上，都是如此。我们要让学生认识到，教科书中的知识包含了许多前辈人的心血，要好好珍惜。

三、波利亚数学解题思想对我国数学教育改革的启示

（一）更新教育观念，使学生由"学会"向"会学"转变

目前我国大力提倡素质教育，但应试教育体制的影响不是一天两天就能完全去除的。几乎所有的学生都把数学看成必须得到多少分的课程。这种体制造成了片面追求升学率的畸形教育，教学一味热衷于对数学事实的生硬灌输和题型套路的分类总结，而不管数学知识的获取过程和数学结论后面丰富多彩的事实。学生被动消极地接受知识，非但不能融会贯通，把知识内化为自己的认知结构，反而助长了对数学事实的死记硬背和对解题技巧的机械模仿。

结合波利亚的数学思想及我国当前教育的形势，我国的数学教育应转变观念，使学生不仅"学会"，更要"会学"。数学教学既是认识过程，又是发展过程，这就要求教师在传授知识的同时，应把培养能力、启发思维置于更加突出的地位。教师应引导学生在某种程度上参与提出有价值的启发性问题，唤起学生积极探索的动机和热情，开展"相应的自然而然的思维活动"。通过具体特殊的情形的归纳或相似关联因素的类比、联想，孕育出解决问题的合理猜想，进而对猜想进行检验、反驳、修正、重构。这样学生才能主动建构数学认知结构，并培养对数学真理发现过程的

不懈追求和创新精神，强化学习主体意识，促进数学学习的高效展开。

（二）革新数学课程体系，展现数学思维过程

传统的数学课程体系，历来以追求逻辑的严谨性、理论的系统性而著称，教材内容一般沿着知识的纵向展开，采用"定义—定理、法则、推论—证明—应用"的纯形式模式，突出高度完善的知识体系，而对知识发明（发现）的过程则采取蕴含披露的"浓缩"方式，或几乎全部略去，缺乏必要的提炼、总结和展现。

根据波利亚的思想，我国的数学课程体系应力图避免刻意追求严格的演绎风格，克服偏重逻辑思维的弊端，淡化形式，注重实质。数学课程目标不仅在于传授知识，更在于培养数学能力，特别是创造性数学思维能力。课程内容的选取，以具有丰富渊源背景和现实生动情境的问题为主导，参照数学知识逐步进化的演变过程，用非形式化展示高度形式化的数学概念、法则和原理。突破以科学为中心的课程和以知识传授为中心的教学观，将有利于思维方式与思维习惯的培养，并在某种程度上可以避免教师的生硬灌输和学生的死记硬背，教与学不再是毫无意义的符号的机械操作。课程体系准备深刻、鲜明生动地展开思维过程，使学生不仅知其然而且知其所以然，也是现代数学教育思想的一个基本特点。

波利亚的数学解题思想博大精深，源于实践与指导实践，对我国的数学教育实践及改革发展具有重要的指导意义。我们从中得到这样的启示：数学教育应着眼于探究创造，强调获取知识的过程及方法，寻求学习过程、科学探索和问题解决的一致性。它的根本意义在于培养学生的数学文化素养，即培养学生思维的习惯，使他们学会发现的技巧，领会数学的精神实质和基本结构，并提供应用于其他学科的推理方法，体现一种"变化导向的教育观"。

第四节　建构主义的数学教育理念

20世纪90年代以来，建构主义学习理论在西方逐渐流行。建构主义是行为主义发展到认知主义以后的进一步发展，被誉为当代心理学中的一场革命。

一、建构主义理论概述

（一）建构主义理论

建构主义理论是在皮亚杰（Jean Piaget）的"发生认识论"、维果茨基（Lev Vygotsky）的"文化历史发展理论"和布鲁纳（Jerome Seymour Bruner）的"认知结

构理论"的基础上逐渐发展形成的一种新的理论。皮亚杰认为，知识是个体与环境交互作用并逐渐建构的结果。在研究儿童认知结构发展中，他还提到了几个重要的概念：同化、顺应和平衡。同化是指当个体受到外部环境刺激时，用原来的图式去同化新环境所提供的信息，以求达到暂时的平衡状态；若原有的图式不能同化新知识时，将通过主动修改或重新构建新的图式来适应环境并达到新的平衡的过程即顺应。个体的认知总是在"原来的平衡—打破平衡—新的平衡"的过程中不断地向较高的状态发展和升级。在皮亚杰理论的基础上，各专家和学者从不同的角度对建构主义进行了进一步的阐述和研究。科恩伯格（Kornberg）对认知结构的性质和认知结构的发展条件做了进一步的研究；斯滕伯格（Sternberg）和卡茨（D.Katz）等人强调个体主动性的关键作用，并对如何发挥个体主动性在建构认知结构过程中的关键作用进行了探索；维果茨基从文化历史心理学的角度研究了人的高级心理机能与"活动"与"社会交往"之间的密切关系，并最早提出了"最近发展区"理论。所有的研究都使建构主义理论得到了进一步的发展和完善，为应用于实际教学提供了理论基础。

（二）建构主义理论下的数学教学模式

建构主义理论认为，学习是学习者用已有的经验和知识结构对新的知识进行加工、筛选、整理和重组，并实现学生对所获得知识意义的主动建构，突出学习者的主体地位。所谓以学生为主体，并不是让其放任自流，教师要做好引导者、组织者，也就是说，我们在承认学生的主体地位的同时也要发挥好教师的作用。因此，以建构主义为理论基础的教学应注意：首先，发挥学生的主观能动性，把问题还给学生，引导他们独立地思考和发现，并能在与同伴相互合作和讨论中获得新知识。其次，学习者对新知识的建构要以原有的知识经验为基础。最后，教师要扮演好学生的忠实支持者和引路人的角色。教师一方面要重视情境在学生建构知识中的作用，将书本中枯燥的知识放在真实的环境中，让学生去体验活生生的例子，从而帮助学生自我创造达到意义建构的目的；另一方面留给学生足够的时间和空间，让尽量多的学生参与讨论并发表自己的见解，学生遇到挫折时，教师要积极鼓励，学生取得进步时，要给予肯定并指明新的努力方向。

数学教学采用"建构主义"的教学模式是指以学生自主学习为核心，以数学教材为学生意义建构的对象，由数学教师担任组织者和辅助者，以课堂为载体，让学生在原有数学知识结构的基础上将新知识与之融合，从而引导学生生长出新的知识，同时，也帮助和促进了学生数学素养、数学能力的提高。教学的最终目的是让学生能实现对知识的主动获取和对已获取知识的意义建构。

二、建构主义学习理论的教育意义

（一）学习的实质是学习者的主动建构

建构主义学习理论认为，学习不是教师向学生传递知识信息、学生被动地吸收知识的过程，而是学生自己主动地建构知识的意义的过程。这一过程是不可能由他人所代替的。每个学生都是在其现有的知识经验和信念基础上，对新的信息主动地进行选择加工，从而建构起自己的理解，而原有的知识经验系统又会因新信息的进入发生调整和改变。这种学习的建构，一方面是对新信息的意义的建构，同时又是对原有经验的改造和重组。

（二）建构主义的知识观和学生观要求教学必须充分尊重学生的学习主体地位

建构主义认为，知识并不是对现实的准确表征，它只是对现实的一种解释或假设，并不是问题的最终答案。知识不可能以实体的形式存在于个体之外，尽管我们通过语言符号赋予了知识一定的外在形式，甚至这些命题还得到了较为普遍的认可，但这些语言符号充其量只是载着一定知识的物质媒体，并不是知识本身。学生若想获得这些言语符号所包含的真实意义，必须借助自己已有的知识经验将其还原，即按照自己已有的理解重新进行意义建构。所以，教学应该使学生从原有的知识经验中"生长"出新的知识经验。

（三）课本知识不是唯一正确的答案，学生学习是在自我理解基础上的检验和调整过程

建构主义学习理论认为，课本知识仅是一种关于各种现象的比较可靠的假设，只是对现实的一种可能更正确的解释，而绝不是唯一正确的答案。这些知识在进入个体的经验系统被接受之前是毫无意义可言的，只有通过学习者在新旧知识经验间反复相互作用后，才能建构起它的意义。所以，学生学习这些知识时，不是像镜子那样去"反映"呈现，而是在理解的基础上对这些假设做出自己的检验和调整。

课堂中学生的头脑不是一块白板，他们对知识的学习往往是以自己的经验信息为背景来分析其合理性，而不是简单地套用。因此，不应强迫学生被动地接受知识，不能教条式地机械模仿与记忆，不能把知识作为预先确定了的东西让学生无条件地接纳，而应关注学生是如何在原有的经验基础上、经过新旧经验相互作用而建构知识含义的。

（四）学习需要走向"思维的具体"

建构主义学习理论批判了传统课堂学习中"去情境化"的做法，转而强调情境

性学习与情境性认知。他们认为学校常常在人工环境而非自然情境中教学生那些从实际中抽象出来的一般性的知识和技能，而这些东西常常会被遗忘或只能保留在学习者头脑内部，一旦走出课堂到实际需要时便很难回忆起来，这些把知识与行为分开的做法是错误的。知识总是要适应它所应用的环境、目的和任务的，因此为了使学生更好地学习、保持和使用其所学的知识，就必须让他们在自然环境中学习或在情境中进行活动性学习，促进知和行的结合。

情境性学习要求给学生的任务要具有挑战性、真实性、任务稍微超出学生的能力，有一定的复杂性和难度，让学生面对一个要求认知复杂性的情境，使之与学生的能力形成一种积极的不相匹配的状态，即认知冲突。学生在课堂中不应是学习教师提前准备好的知识，而是在解决问题的探索过程中，从具体走向思维，并能够达到更高的知识水平，即由思维走向具体。

（五）有效的学习需要在合作中、在一定支架的支持下展开

建构学习理论认为，学生以自己的方式来建构事物的意义，不同的人理解事物的角度是不同的，这种不存在统一标准的客观差异性本身就构成了丰富的资源。通过与他人讨论、互助等形式的合作学习，学生可以超越自己的认识，更加全面深刻地理解事物，看到那些与自己不同的理解，检验与自己相左的观念，学到新东西，改造自己的认知结构，对知识进行重新建构。学生在交互合作学习中不断地对自己的思考过程进行再认识，对各种观念加以组织和改组，这种学习方式不仅会逐渐地提高学生的建构能力，而且有利于今后的学习和发展。

为学生的学习和发展提供必要的信息和支持。建构主义者称这种提供给学生、帮助他们从现有能力提高一步的支持形式为"支架"，它可以减少或避免学生在认知中不知所措或走弯路的情况。

（六）建构主义的学习观要求课程教学改革

建构主义认为，教学过程不是教师向学生原样不变地传递知识的过程，而是学生在教师的帮助指导下自己建构知识的过程。所谓建构是指学生通过新、旧知识经验之间的、双向的作用，来形成和调整自己的知识结构。这种建构只能由学生本人完成，这就意味着学生是被动的刺激接受者。因此在课程教学中，教师要尊重和培养学生的主体意识，创设有利于学生自主学习的课堂情境和模式。

（七）课程改革取得成效的关键在于按照建构主义的教学观创设新的课堂教学模式

建构主义的学习环境包含情境、合作、交流和意义建构四大要素。与建构主义学习理论以及建构主义学习环境相适应的教学模式可以概括为：以学习为中心，教师在整个教学过程中起组织者、指导者、帮助者和促进者的作用，利用情境、合作、交流等学习环境要素充分发挥学生的主动性、积极性和创新精神，最终达到学生有效地实现对当前所学知识的意义建构的目的。在建构主义的教学模式下，目前比较成熟的教学方法有情境教学、随机通达教学两种。

（八）基础教育课程改革的现实需要以建构主义的思想培养和培训教师

新课程改革不仅改革课程内容，也对教学理念和教学方法进行了改革，探究学习、建构学习成为课程改革的主要理念和教学方法之一，期许教师能够胜任指导和促进学生的探究和建构的任务，教师自身就要接受探究学习和建构学习的训练，使教师建立探究和建构的理念，掌握探究和建构的方法，唯此才能在教学实践中自主地指导和运用建构教学，激发学生的学习兴趣，培养学生探究的习惯和能力。

第五节　我国的"双基"数学教学理念

在高等数学的教学过程中，学生基础不牢固，学习困难，接受效果难尽人意。在这种情况下，高校教师只有坚持以"双基"教学理论为指导，才能保证高等数学的教育教学质量。

一、我国"双基教学理论"的综述

1963 年我国颁布的《全日制中学数学教学大纲（草案）》中将双基＋三大能力"作为教学目标，双基即基础知识、基本技能。三大能力包括基本的运算能力、空间想象能力和逻辑思维能力。1996 年我国的高中数学大纲又把"逻辑思维能力"改为"思维能力"，原因是逻辑思维是数学思维的基础部分，但不是核心部分。在"双基"教学理论的指导下，我国学生的数学基础以扎实著称。进入 20 世纪，在"三大能力"的基础上，又增加了培养学生提出问题、解决问题的能力。在中学阶段的数学教学中，提出培养学生数学意识、培养学生的数学实践能力和运用所学的数学知识解决实际问题的能力。"双基"教学理论的提出和实践，给数学教育工作者提出了新的挑战，为此，研究和运用双基教学理论对实现数学教学的目标，对做好高等学校的数学教学与中学数学教学的衔接，具有重要的意义。

（一）双基教学理论的演进

"双基"教学起源于 20 世纪 50 年代，在 60—80 年代得到大力发展，80 年代之后，不断丰富完善。探讨双基教学的历程，从根本上讲，应考查教学大纲，因为中国教学历来是以纲为本，双基内容被大纲所确定，双基教学可以说来源于大纲导向。大纲中对知识和技能要求的演进历程也是双基教学理论的形成轨迹，双基教学源于教学大纲，随着教学大纲对双基要求的不断提高而得到加强。所以，我们只要对教学大纲做一次历史性回顾，就不难找到双基教学的演进历程，此处不再展开。

（二）双基教学的文化透视

双基教学的产生是有着浓厚的传统文化背景的，关于基础重要性的传统观念、传统的教育思想和考试文化对双基教学都有着重要影响。

1. 关于"基础"的传统信念

中国是一个相信基础重要性的国家，基础的重要性多被作为一种常识为大家所熟悉，在沙滩上建不起来高楼，空中无法建楼阁，要建成大厦，没有好的基础是不行的。从事任何工作，都必须有基础。没有好的基础不可能有创新。"现代社会没有或者几乎没有一个文盲做出过创新成果"常被视作"创新需要知识基础"的一个极端例子。这样的信念支配着人们的行动，于是，大家认为，中小学教育作为基础教育，打好基础、储备好学习后继课程与参加生产劳动及实际工作所必备的、初步的、基本的知识和技能是第一位的，有了好的基础，创新、应用可以逐步发展。这样，注重基础也就成为自然的事情了。其实，学生是通过学习基础知识、基本技能这个过程而达到一个更高境界的，不可能越过基础知识、基本技能类的东西而学习其他知识技能来达到创新能力或其他能力的培养。所以，通往教育深层的必由之路就是由基本知识、基本技能铺设的，双基内容应该是作为社会人生存、发展的必备平台。没有基础，就缺乏发展潜能，无论是中国功夫，还是中国书法，都是非常讲究基础的，正是这一信念为双基教学注入了理由和活力。

2. 文化教育传统

中国双基教学理论的产生发展与中国古代教育思想分不开。首先应是孔子的教育思想。孔子通过长期教学实践，提出"不愤不启，不悱不发"的教学原则。"愤"就是积极思考问题，还处在思而未懂的状态；"悱"就是极力想表达而又表达不清楚。就是说，在学生积极思考问题而尚未弄懂的时候，教师才应当引导学生思考和表达。又言："举一隅，不以三隅反，则不复也"，即要求学生能做到举一反三，触类旁通。这种思想和方法被概括为"启发教学"思想。如何进行启发教学，《学记》给出过精辟的阐述："君子之教，喻也。道而弗牵，强而弗抑，开而弗达。道而弗牵则和，强而弗抑则易，开而弗达则思，和易以思，可谓善喻也。"意思是说要引导学生而不要牵着学生走，要鼓励学生而不要压抑他们，要指导学生学习门径，而不是代替学生做出结论。引而弗牵，师生关系才能融洽、亲切；强而弗抑，学生学习才会感到容易；开而弗达，学生才会真正开动脑筋思考，做到这些就可以说得上是善于诱导了。

启发教学思想的精髓就是发挥教师的主导作用、诱导作用，教师向来被看作"传道、授业、解惑"的"师者"，处于主导地位。这种教学思想注定了双基教学中的教师的主导地位和启发性特征。

关于学习，孔子有一句名言："学而不思则罔，思而不学则殆。"意思是说光学习而不进行思考则什么都学不到，只思考而不学习则是危险的，主张学思相济，不可偏废。学习必须以思考来求理解，思考必须以学习为基础。这种学思结合思想用现在的观点来看，就是创新源于思，缺乏思，就不会有创新，而只思不学是行不通的，表明学是创新的基础，思是创新的前提。故而，应重视知识的学习和反思。朱熹也提出："读书无疑者须教有疑，有疑，却要无疑，到这里方是长进。"这种学习理念对教学的启示是，要鼓励学生质疑，因为疑是学生动了脑筋的结果，"思"的表现，通过问，解决疑，才可以使学问长进。课堂上教师要多设疑问，故布疑阵，设置情境，不断用问题、疑问刺激学生，驱动学生的思维。这种学习思想为双基教学注入了问题驱动性特征。双基教学理论可以说是中国古代教育思想的引申、发展。

3.考试文化对双基教学具有促动作用

中国有着悠久的考试文化，从"科举考试"开始，至今已延续近一千五百年。学而优则仕，学习的目的是通过考试达到自身发展（如做官）的目标。到了现代，考试一样也是通往美好前程的阶梯。而考试内容绝大部分只能是基础性的试题，因为双基是有形的，容易考查，创新性、灵活性、应用能力的考查比较困难，尤其是在限定的时间内进行的考查。另外，教学大纲强调双基，考试以大纲为准绳，教学自然侧重于双基教学，考试重点考双基，那么各种教学改革只能是以双基为中心，围绕双基开展，最终是使双基更加扎实，使双基更加突出。这种考试要求与教学要求的相互影响，使得双基教学得到加强。总之，双基教学理论既是中国古代教育思想的发扬，又深受中国传统考试文化的影响。新课改中，如何更新双基，如何继承和发扬双基教学传统，是一个需要认真思考的重要课题。

二、双基教学模式的特征分析

（一）双基教学模式的外部表征

双基教学理论作为一种教育思想或教学理论，可以看作以"基本知识和基本技能"教学为本的教学理论体系，其核心思想是重视基础知识和基本技能的教学。它首先倡导了一种所谓的双基教学模式，我们先从双基教学模式外显的一些特征进行描述刻画。

1. 双基教学模式课堂教学结构

双基教学在课堂教学形式上有着较为固定的结构，课堂进程基本呈"知识、技能讲授—知识、技能的应用示例—练习和训练"的顺序，即在教学进程中先让学生明白知识技能是什么，再了解怎样应用这个知识技能，最后通过亲身实践练习掌握这个知识技能及其应用。典型教学过程包括五个基本环节"复习旧知—导入新课—讲解分析—样例练习—小结作业"，每个环节都有自己的目的和基本要求。

复习旧知的主要目的是为学生理解新知、逾越分析和证明新知障碍做知识铺垫，避免学生思维走弯路。在导入新课环节，教师往往是通过适当的铺垫或创设适当的教学情境引出新知，通过启发式的讲解分析，引导学生尽快理解新知内容，让学生从心理上认可、接受新知的合理性，即及时帮助学生弄清是什么、弄懂为什么；进而以例题形式讲解、说明其应用，让学生了解新知的应用，明白如何用新知；然后让学生自己练习、尝试解决问题，通过练习，进一步巩固新知，增进理解，熟悉新知及其应用技能，初步形成运用新知分析问题、解决问题的能力；最后小结一堂课的核心内容，布置作业，通过课外作业，进一步熟练技能，形成能力。所以，双基教学有着较为固定的形式和进程，教学的每个环节安排紧凑，教师在其中既起着非常重要的主导作用、示范作用和管理作用，也起着为学生的思维架桥铺路的作用，由此产生了颇具中国特色的教学铺垫理论。

2. 双基教学模式课堂教学控制

双基教学模式是一种教师有效控制课堂的高效教学模式。双基教学重视基础知识的记忆理解、基本技能的熟练掌握运用，具体到每一堂课，教学任务和目标都是明确具体的，包括教师应该完成什么样的知识技能的讲授，达到什么样的教学目的，学生应该得到哪些基本训练（做哪些题目），实现哪些基本目标，达到怎样的程度（如练习正确率），等等。教师为实现这些目标有效组织教学、控制课堂进程。正是有明确的任务和目标以及必须实现这些任务和目标的驱动，教师责无旁贷地成为课堂上的主导者、管理者，导演着课堂中几乎所有的活动，使得各种活动都呈有序状态，课堂时间得到有效利用。课堂活动组织得严谨、周密、有节奏、有强度。整堂课的进程，有高度的计划性，什么时候讲，什么时候练，什么时候演示，什么时候板书，板书写在什么位置，都安排得非常妥当，能有效地利用上课的每一分钟时间。整堂课进行得井井有条，教师随时注意学生遵守课堂纪律的情况，防止和克服不良现象的发生，随时注意进行教学组织工作，而且进行得很机智，课堂秩序一般表现良好。

双基教学注重教师的有效讲授和学生的及时训练、多重练习，教师讲课，要求语言清楚、通俗、生动、富于感情，表述严谨，言简意赅。在整堂课的讲授过程中，教师充分发挥主导作用，不断提问和启发，学生思维被激发调动，始终处于积极的活动状态。在训练方面，以解题思想方法为首要训练目标，一题多解、一法多用、变式练习是经常使用的训练形式，从而形成了中国教学的"变式"理论，包括概念性变式和过程性变式。

双基教学模式下，我国教师能够多角度理解知识，如中国学者马力平的中美数学教育比较研究表明：在学科知识的"深刻理解"上，中国教师有明显的优势。

3. 双基教学的目标

双基教学重视基础知识、基本技能的传授，讲究精讲多练，主张"练中学"，相信"熟能生巧"，追求基础知识的记忆和掌握、基本技能的操演和熟练，以使学生获得扎实的基础知识、熟练的基本技能和较高的学科能力为其主要的教学目标。对基础知识讲解得细致，对基本技能训练得入微，使学生一开始就能够对所学习的知识和技能获得一个从"是什么、为什么、有何用到如何用"的较为系统的、全面的和深刻的认识。在注重基础知识和基本技能教学的同时，双基教学从不放松和抵制对基本能力的培养和个人品质的塑造，相反，能力培养一直是双基教学的核心部分，如数学教学始终认为运算能力、空间想象能力、逻辑思维能力是数学的三大基础能力。可以说，双基教学本身就含有基础能力的培养成分和带有指导性的个性发展的内涵。

4. 双基教学的课程观

在"双基教学"理论中，"基础"是一个关键词。某些知识或技能之所以被选进课程内容，并不是因为它们是一种尖端的东西，而是因为它们是基础的，所以双基教学思想注重课程内容的基础性。同时，双基教学也注重课程内容的逻辑严谨性，在课程教材的编制上，体现为重视教学内容结构以及逻辑系统的关系，要求教材体系符合学科的系统性（当然也要符合学生的心理发展特点），依据学科内容结构规律安排，做到先行知识的学习与后继知识的学习互相促进。双基教学的课程观也非常注意感性认识与理性认识的关系，教学内容安排要求由实际事例开始，由浅入深、由易到难、由表及里、循序渐进。

5. 双基教学理论体系的开放性

双基教学并不是一个封闭的体系，在其发展过程中，不断地吸收先进的教育教学思想来丰富和完善自身的理论。双基的内涵也是开放的，内容随时代的变化而变化。总之，从外部来看，双基教学理论是一种讲究教师有效控制课堂活动、既重讲授又重练习、既重基础又重能力、有明确的知识技能掌握和练习目标的开放的教学思想体系。

（二）双基教学的内隐特征

深入到课堂教学内部，借助典型案例，分析中国教师的教学实践和经验总结，我们不难得到，中国双基教学至少包括下面五个基本特征：启发性、问题驱动性、示范性、层次性和巩固性。

1. 启发性

双基教学强调双基，同时强调在传授双基的教学过程中贯彻启发式教学原则，反对注入式，主张启发式教学，反对"填鸭"或"灌输"式教学。各种教学活动以及教学活动的各个环节都要求富有启发性，不论是教师讲解、提问、演示、实验、小结、复习、解答疑难，也不论是进行概念、定理（公式）的教学，复习课、练习课的教学，教师都讲究循循善诱，采取各种不同方式启发学生思维，激发学生潜在的学习动机，使之主动地、积极地、充满热情地参与到教学活动中。在讲解过程中，教师会"质疑启发"，即通过不断设疑、提问、反诘、追问等方式激发学生思考问题，通过释疑解惑，开通思路，掌握知识。在演示或实验过程中，教师会进行"观察启发"，借助实物、模型、图示等，组织学生观察并思考问题、探求解答。在新结论引出之前，根据内容情况，教师有时采用"归纳启发"的方法，通过实验、演算先得出特殊事例，再引导学生对特殊材料进行考察获得启发，进而归纳、发现可能规律，最后获得新结论。有时会采用"对比启发"或"类比启发"的方法，运用对比手法以旧启新，根据可类比的材料，启示学生对新知识做出大胆猜想。所以，贯彻启发式原则是双基教学的一个基本要求，也因此，双基教学具有了启发性特征。

如有的教师为了讲清数学归纳法的数学原理，首先从复习不完全归纳法开始，指出它是人们用来认识客观事物的重要推理方法，并揭示它是一种可靠性较弱的方法，由此产生认知冲突，即当对象无限时，如何保证从特殊归纳出一般结论的正确性。接着，用生活实例——摸球进行类比启发：如果袋中有无限多个球，如何验证里面是否均为白球？显然不能逐一摸出来验证，由于不可穷尽，所以，无法直接验证。但如果能有"当你这一次摸出的是白球，则下一次摸出的一定也是白球"这样的前提保证，则大可不必逐个去摸，而只要第一次摸出的确实是白球即可。至此，为什么数学归纳法只完成两步工作就可对一切自然数下结论的思想实质清晰可见。双基教学的启发性是教师创设的，是教师主导作用的充分体现，其关键是教师的引导和精心设计的启发性环境，启发的根本不在于让学生"答"，而在于让学生思考，或者简单地说在于让学生"想"。

所以，一堂课从表面上看，可能全是教师在讲解，学生在被动地听，可实际上，学生思维可能正在教师的步步启发下积极地活动着，进行着有意义的学习。事实上，双基教学中，教师的一切活动始终是围绕学生的思考或思维服务的，为学生积极思考提供、搭建脚手架，为学生建构新知识结构提供有效的、高效率的帮助。双基教学讲究在教师的启发下让学生自己发现，这是一种特殊的探索方式，双基教学的这种启发性内隐特征决定了双基教学并不是教师直接把现成的知识传授给学生，而是经常地引导学生去发现新知。问题驱动性双基教学强调教师的主导作用，整个教学过程经过教师精心设计，成为一环扣一环、由教师有效控制、逐步递进的有序整体，使得学生能轻松地一小步一小步地达到预定目标。在这个有序教学整体的开始，教师以提问的方式驱动学生回顾复习旧知识，通过精心设计的问题情境，凸显"用原有的知识无法解决的新的矛盾或问题"，以此为契机，让学生体验到进一步探索新知的必要性，认识到将要研究和学习的新知是有意义和有价值的，继而将课题内容设计为一系列的矛盾或问题解决形式，并不断地以启发、提问和讲解的方式展开并递进解决。

事实上，双基教学模式中，教师设计一堂课，经常会考虑如何用设计好的情境来呈现新旧知识之间的矛盾或提出问题，引起认知冲突，使学生有兴趣进行这节课的学习，同时也会考虑如何引入概念，如何将问题分解为一个一个有递进关系的问题并逐步深入，如何应用以往的工具和新引进的概念解决这些问题，等等，以驱使学生聚精会神地动脑思考，或全神贯注地听教师讲解分析解决问题或矛盾的方法或思想。双基教学中，教师并不是简单地将大问题分拆成一个一个小问题机械地呈现给学生，而是经常将讲解的内容转变为问题式的提问或启发式问题，融合在教师的讲授中，这些提问或启发式问题具有强驱动性，促使学生思维不断地沿着教师的预设方向进行。教师这种不断地通过"显性"和"隐性"的问题驱动学生的思维活动（隐性的问题可以看作为启发，显性的问题可以看作课堂提问），构成了中国双基教学的一大特色。

课堂上的显性提问，既能激发学生的思维，又能起到管理班级的作用，使学生的思想不易开小差。隐性启发式问题一方面使学生的思维具有方向，避免盲目性，另一方面为学生理解新知搭建了脚手架，使之顺着这些问题就能够达到理解的巅峰。双基教学在解题训练教学方面，讲究"变式"方法。通过变式训练，明晰概念，归纳解题方法、技巧、规律和思想，促进知识向能力转化。教师不断在"原式"基础上变换出新问题，让学生仿照或模仿或基于"原式"的解法进行解决，使学生参与到一种特殊的探究活动中。这种以变式问题形式驱动学生课堂上的学习行为是中国双基教学的又一大特点。

双基教学课堂中大量的"师对生"的问题驱动（提问）使整堂课学生思维都处在一种高度积极的活动之中，思维高速运转，思维不断地被教师的各种问题驱动而推向主动思考的高潮，学生对课堂上教师显性知识的讲解基本能够听懂、弄明白，基本不存在疑问。学生也正是在逻辑地一步步不停地思考教师的各种问题或听教师对各种问题的分析解释的过程中不自觉地建构着知识和对知识的理解，同时在对教师的观点、思想和方法做着评价、批判、反思。从这个意义上讲，问题驱动特征导致双基教学是一种有意义的学习，而不是机械学习、被动接受，从它的多启发性驱动问题的设置我们可以确信这一点。至于在过去的一个非常时期内，教师地位的不高导致教师的专业化水平低下，从而在个别地方、个别教师身上出现照本宣科、满堂灌或填鸭式教学的现象，显然不是双基教学思想的产物。可见，双基教学教师惯常以问题、悬念引入，教学中教师充分发挥主导作用，不断地以问题驱动，激发学生思维，引起学生反思，使学生潜在而自然地建构知识和对知识的理解，并从中体验学科的价值、思想、观点和方法等。

2. 示范性

双基教学的另一个内隐特征是教师的示范性。表面上看，教师只是在做讲解和板书，而实际上，教学过程中教师不断地提供着样例，做着语言表达的示范、解题思维分析的示范、问题解决过程的示范、例题解法书写格式的示范以及科学思维方式的示范等。如以例题形态出现的知识的应用讲解，教师每一个例题的讲解都分析得清楚、细致，这无形中给学生做了一个如何分析问题的示范、知识如何应用的示范、这类问题如何解决的示范和解决这类问题的方法的使用示范。教师对例题的讲解分析是双基教学中最典型的最重要的示范之一，教师做那么细致的分析，目的之一就是想为学生做个如何分析问题解决问题的示范，因为分析是解题中关键的一环，学会分析问题解决问题也是教学目标之一。其中，典型例题的教学是展示双基应用的主要载体，分析典型例题的解题过程是让学生学会解题的有效途径，一方面学生能够理解例题解法，另一方面能从中模仿学习如何分析问题，能够仿照例题解决类似的变式问题。所以，双基教学中教师不仅是知识的讲授者，同时也是关于知识的理解、思考、分析和运用的示范者。难怪人们认为双基教学就是记忆、模仿加练习，这里，教师确实提供了各种供学生模仿的示范行为。

然而，如果教师不做出示范，学生就难以在较短的时间内学会这些技能。所以，双基教学中，教师的示范性特征使得基础知识、基本技能的学习掌握变得容易。其实，教师的示范作用十分重要，如刚刚开始接触几何命题的推理证明时，书写表达的示范、思路分析的示范对学生学习几何都是非常有益的。教师的示范是体现在师生共同活动中的，不是教师做学生看的表演式示范。另外，在许多时候，教师显性提问让学生回答，学生在表达过程中可能出现许多不太准确的表述，教师在学生回答过程中给予正确地重复，或者在黑板上板书学生说的内容时随时给予更正、规范，这使得学生在回答问题的过程中出现的一些不准确的语言表达得到了修正，同时为全班学生也做了个示范，这对学生准确地使用学科语言进行交流是非常有意义的。

3. 层次性

双基教学内隐着一种层次递进性。在教学安排方面，一般是铺垫引入，由浅入深，快慢有度，步子适当，有层次上升。概念原理分析讲解方面，教师多以举例说明，以例引理，以例释理，让学生历经从低层次直观感受到高层次概括抽象。这些都体现了双基教学的层次性。双基教学中，练习占有很重的分量，体现为双基训练。同样，练习安排也具有层次性。在双基训练设计中，习题分层次给出，分阶段让学生训练，先是基本练习，再是变式训练，然后是综合练习，最后是专题练习。学生通过各种层次的练习，能有效地实现知识的内化，理解各种知识状态，熟悉各种应用情境。

4. 巩固性

双基教学的另一个内隐特征是知识经常得到系统回顾，注重教学的各个关口的复习巩固。理论上讲，知识的理解、掌握和应用不是一回事，理解、领会了某种知识可能掌握或记忆不住这一知识，也可能不会运用这一知识，能不能掌握、记住记不住、会不会用与知识的学习理解过程不是一脉相承的，知识的掌握、应用是另一个环节。双基教学的一个优势就是融知识的学习理解与知识的记忆、掌握、应用于一体，新知识学习之后紧接着就是知识的应用举例，再接着是知识的应用练习巩固，从而达到这样一种效果：在应用举例中初步体会知识的应用、增强对知识的理解，在练习训练中进一步理解知识、应用知识、熟练知识、掌握知识、巩固知识，直至熟练运用知识。双基教学中，每堂课第一个环节一般都是复习，组织学生对已学的旧知识做必要的复习回顾，通常包括两类内容：

①对前次课所学知识的温故，其目的在于通过这些知识再现于学生，使之得到进一步巩固；②作为新知识论据的旧知识，不是前次课所学知识，而是学生早先所学现在可能遗忘的，这种复习的目的在于为新知识的教学做好充分的准备。

作为复习形式，以提问或爬黑板形式居多。最后一个教学环节是小结，每当新知识学习后教师都要进行小结巩固，即时复习，形式多样，包括对刚学习的新概念、新原理、新定律或公式内容的复述、新知识在解题中的用途和用法以及解决问题的经验概括。这两个教学环节分别对旧知和新知起到巩固作用。教师通常采用复习课形式进行阶段性复习巩固，这种复习课的突出特点是："大容量、高密度、快节奏。"一个阶段所学习的知识技能被梳理得脉络清楚、有条理，促使知识进一步结构化；大量的典型例题讲解，使知识的应用能力得到大大加强，问题类型一目了然，知识的应用范围一清二楚，知识如何应用得到进一步明晰。复习之后就是阶段性测验或考试，这为进一步巩固又提供了机会。至此，我们可以给双基教学一个界定：双基教学是注重基础知识、基本技能教学和基本能力培养的，以教师为主导以学生为主体的，以学法为基础，注重教法，具有启发性、问题驱动性、示范性、层次性、巩固性特征的一种教学模式。

三、新课程理念下"双基"教学

"双基"是指"基础知识"和"基本技能"。中国数学教育历来有重视"双基"的传统，同时社会发展、数学的发展和教育的发展，要求我们与时俱进地审视"双基"和"双基"教学。我们可以从新课程中新增的"双基"内容，以及对原有内容的变化（这种变化包括要求和处理两个方面）和发展上，去思考这种变化，去探索新课程理念下的"双基"教学。

（一）如何把握新增内容的教学

这是教师在新课程实施中遇到的一个挑战。为此，我们首先要认识和理解为什么要增加这些新的内容，在此基础上，把握好"标准"对这些内容的定位，积极探索和研究如何设计和组织教学。

随着科学技术的发展，现代社会的信息化要求日益加强，人们常常需要收集大量的数据，根据新获得的数据提取有价值的信息，做出合理的决策。统计是研究如何合理地收集、整理和分析数据的学科，为人们制定决策提供依据；随机现象在日常生活中随处可见；概率是研究随机现象规律的学科，它为人们认识客观世界提供了重要的思维模式和解决问题的方法，同时为统计学的发展提供了理论基础。因此，可以说在高中数学课程中统计与概率作为必修内容是社会的必然趋势与生活的要求。例如，在高二"排列与组合"和"概率"中，有一个重要内容"独立重复试验"，作为这部分内容的自然扩展，本章中安排了二项分布，并介绍了服从二项分布的随机变量的期望与方差，使随机变量这部分内容比较充实一些。本章第二部分"统计"与初中"统计初步"的关系十分紧密，可以认为，这部分内容是初中"统计初步"的十分自然的扩展与深化，但由于学生在学习初中的"统计初步"后直到学习本章之前，基本上没有复习"统计初步"的内容，对这些内容的遗忘程度会相当高，因此，本章在编写时非常注意联系初中"统计初步"的内容来展开新课。再如，在讲抽样方法的开始时重温：在初中已经知道，通常我们不是直接研究一个总体，而是从总体中抽取一个样本，根据样本的情况去估计总体的相应情况，由此说明样本的抽取是否得当对研究总体来说十分关键，这样就会使学生认识到学习抽样方法十分重要。又如，在讲"总体分布的估计"时，注意复习初中"统计初步"学习过的有关频率分布表和频率分布直方图的有关知识，帮助学生学习相关的内容。另外，在学习统计与概率的过程中，将会涉及抽象概括、运算求解、推理论证等能力，因此，统计与概率的学习过程是学生综合运用所学的知识，发展解决问题能力的有效过程。

由于推理与证明是数学的基本思维过程，是做数学的基本功，是发展理性思维的重要方面；数学与其他学科的区别除了研究对象不同之外，最突出的就是数学内部规律的正确性必须用逻辑推理的方式来证明，而在证明或学习数学过程中，又经常要用合情推理去猜测和发现结论、探索和提供思路。因此，无论是学习数学、做数学题，还是对于学生理性思维的培养，都需要加强这方面的学习和训练。因此，增加了"推理与证明"的基础知识。在教学中，可以变隐性为显性，分散为集中，结合以前所学的内容，通过挖掘、提炼、明确化等方式，使学生感受和体验如何学会数学思考方式，体会推理和证明在数学学习和日常生活中的意义和作用，提高数学素养。例如，可通过探求凸多面体的面、顶点、棱之间的数量关系，通过平面内的圆与空间中的球在几何元素和性质上的类比，体会归纳和类比这两种主要的合情推理在猜测和发现结论、探索和提供思路方面的作用。通过收集法律、医疗、生活中的素材，体会合情推理在日常生活中的意义和作用。

（二）教学中应使学生对基本概念和基本思想有更深的理解和更好地掌握

在数学教学和数学学习中，强调对数学的认识和理解，无论是基础知识、基本技能的教学、数学的推理与论证，还是数学的应用，都要帮助学生更好地认识数学、认识数学的思想和本质。那么，在教学中应如何处理才能达到这一目标呢？

首先，教师必须很好地把握诸如函数、向量、统计、空间观念、运算、数形结合、随机观念等一些核心的概念和基本思想；其次，要通过整个高中数学教学中的螺旋上升、多次接触，通过知识间的相互联系，通过问题解决的方式，学生不断加深认识和理解。比如，对函数概念真正的认识和理解，是不容易的，要经历一个多次接触的较长的过程，要提出恰当的问题，创设恰当的情境，使学生产生进一步学习函数概念的积极情感，帮助学生从需要认识函数的构成要素；需要用近现代数学的基本语言——集合的语言来刻画出函数概念；需要提升对函数概念的符号化、形式化的表示等三个主要方面来帮助学生进一步认识和理解函数概念；随后，通过基本初步函数——指数函数、对数函数、三角函数的学习，进一步感悟函数概念的本质，以及为什么函数是高中数学的一个核心概念。再在"导数及其应用"的学习中，通过对函数性质的研究，再次提升对函数概念的认识和理解，等等。这里，我们要结合具体实例（如分段函数的实例，只能用图像来表示等），结合作为函数模型的应用实例，强调对函数概念本质的认识和理解，并一定要把握好对于诸如求定义域、值域的训练，不能做过多、过繁、过于人为的一些技巧训练。

（三）加强对学生基本技能的训练

熟练掌握一些基本技能，对学好数学是非常重要的。例如，在学习概念中要求学生能举出正、反面例子的训练；在学习公式、法则中要有对公式、法则掌握的训练，也要注意对运算算理认识和理解的训练；在学习推理证明时，不仅仅是在推理证明形式上的训练，更要关注对落笔有据、言之有理的理性思维的训练；在立体几何学习中不仅要有对基本作图、识图的训练，而且要从整体观察入手，以整体到局部与从局部到整体相结合，从具体到抽象、从一般到特殊的认识事物的方法的训练；在学习统计时，要尽可能让学生经历数据处理的过程，从实际中感受、体验如何处理数据，从数据中提取信息。在过去的数学教学中，往往偏重于单一的"纸与笔"的技能训练，以及对一些非本质的细枝末节的地方，过分地做了人为技巧方面的训练，例如对函数中求定义域过于人为技巧的训练。特别是在对运算技能的训练中，经常人为地制造一些技巧性很强的高难度计算题，比如三角恒等变形里面就有许多复杂的运算和证明。这样的训练学生往往感到比较枯燥，渐渐地就会失去对数学的兴趣，这是我们所不愿看到的。我们对学生基本技能训练，不是单纯地为了让他们学习、掌握数学知识，而是要让他们在学习知识的同时，以知识为载体，提高数学能力，提高对数学的认识。事实上，数学技能的训练，不仅是包括"纸与笔"的运算、推理、作图等技能训练，随着科技和数学的发展，还应包括更广的、更有力的技能训练。

例如，我们要在教学中重视对学生进行以下的技能训练：能熟练地完成心算与估计；能正确地、自信地、适当地使用计算机或计算器；能用各种各样的表、图、打印结果和统计方法来组织、解释，并提供数据信息；能把模糊不清的问题用明晰的语言表达出来；能从具体的前后联系中，确定该问题采用什么数学方法最合适，会选择有效的解题策略。也就是说，随着时代和数学的发展，高中数学的基本技能也在发生变化。教学中也要用发展的眼光、与时俱进地认识基本技能，而原有的某些技能训练，随着时代的发展可能被淘汰，如以前要求学生会熟练地查表，像查对数表、三角函数表等。当有了计算器和计算机以后，使用计算机或计算器这样的技能就可以替代原来的查表技能。

（四）鼓励学生积极参与教学活动，帮助学生用内心的体验与创造来学习数学，认识和理解基本概念、掌握基础知识

随着数学教育改革的展开，无论是教学观念，还是教学方法，都在发生变化。但是，在大多数的数学课堂教学中，教师灌输式的讲授，学生机械式的模仿、记忆的学习的状况仍然占有主导地位。教师的备课往往把教学变成一部"教案剧"的编导的过程，教师自己是导演、主演，最好的学生能当群众演员，一般学生就是观众，整个过程就是教师在活动，这是我们最常规的教学，"独角戏、一言堂"，忽略了学生在课堂教学中的参与。

为了鼓励学生积极参与教学活动，帮助学生用内心的体验与创造来学习数学，认识和理解基本概念，掌握基础知识，教师在备课时不仅要备知识，把自己知道的

最好、最生动的东西给学生，还要考虑如何引导学生参与，应该给学生一些什么，不给什么、先给什么、后给什么；怎么提问，在什么时候，提什么样的问题才会有助于学生认识和理解基本概念、掌握基础知识，等等。例如，在用集合、对应的语言给出函数概念时，可以首先给出有不同背景，但在数学上有共同本质特征（是从数集到数集的对应）的实例，与学生一起分析他们的共同特征，引导学生自己去归纳出用集合、对应的语言给出函数的定义。当我们把学生学习的积极性调动起来，学生的思维被激活时，学生会积极参与到教学活动中来，也就会提高教学的效率，同时，我们需要在实施过程中不断探索和积累经验。

（五）借助几何直观揭示基本概念和基础知识的本质和关系

几何直观形象，能启迪思路、帮助理解。因此，借助几何直观学习和理解数学，是数学学习中的重要方面。徐利治先生曾说过，只有做到了直观上理解，才是真正的理解。因此，在"双基"教学中，要鼓励学生借助几何直观进行思考、揭示研究对象的性质和关系，并且学会利用几何直观来学习和理解数学的这种方法。例如，在函数的学习中，有些对象的函数关系只能用图像来表示，如人的心脏跳动随时间变化的规律——心电图；在导数的学习中，我们可以借助图形，体会和理解导数在研究函数的变化：是增还是减、增减的范围、增减的快慢等问题中，是一个有力的工具；认识和理解为什么由导数的符号可以判断函数是增是减，对于一些只能直接给出函数图形的问题，更能显示几何直观的作用了；再如对于不等式的学习，我们也要注重数形的结合，只有充分利用几何直观来揭示研究对象的性质和关系，才能使学生认识几何直观在学习基本概念、基础知识，乃至整个数学学习中的意义和作用，学会数学的一种思考方式和学习方式。

当然，教师自己对几何直观在数学学习中的作用上要有全面的认识，例如，除了需注意不能用几何直观来代替证明外，还要注意几何直观带来的认识上的片面性。例如，对指数函数 $y=a^x$（$a>1$）图像与直线 $y=x$ 的关系的认识，以往教材中通常都是以 2 或 10 为底来给出指数函数的图像。在这种情况下，指数函数 $y=a^x$（$a>1$）的图像都在直线 $y=x$ 的上方，于是，便认为指数函数 $y=a^x$（$a>1$）的图像都在直线 $y=x$ 的上方，教学中应避免类似的这种因特殊赋值和特殊位置的几何直观得到的结果所带来的对有关概念和结论本质认识的片面性和错误判断。

（六）恰当使用信息技术，改善学生学习方式，加强对基本概念和基础知识的理解

现代信息技术的广泛应用正在对数学课程的内容、数学教学方式、数学学习方式等方面产生深刻的影响。信息技术在教学中的优势主要表现在：快捷的计算功能、

丰富的图形呈现与制作功能，大量数据的处理功能等。因此，在教学中，应重视与现代信息技术的有机结合，恰当地使用现代信息技术，发挥现代信息技术的优势，帮助学生更好地认识和理解基本概念和基础知识。例如在函数部分的教学中，可以利用计算器、计算机画出函数的图像，探索他们的变化规律，研究他们的性质，求方程的近似解，等等。

通过对高等数学的教学，发现制约高等学校高等数学教学质量的主要原因在于高等学校的数学教学与中学数学教学的脱节。这不仅表现在教材内容的衔接上，也表现在教学中对学生的要求上。例如，求极限问题中，学生在课堂上不能够使用三角公式进行和差化积，问其原因，学生回答说："高中数学教师说和差化积公式不用记，高考卷子上是给出的，只要会用。"这样做的结果导致学生的基础严重不牢固，给高等数学学习带来障碍和困难。为了改变这种基础教育与高等教育严重脱节的问题，要求高等学校的教育教学要进行改革，从教育教学理念到教材内容进行全方位的改革，使之与当前我国的教学改革相适应。实现基础教育改革的目标与价值，删减偏难怪的内容和陈旧的内容，提升教学内容从而把精华的部分传授给学生。基础教育阶段要按照"双基"理论加强"双基"教学，为学生后续学习奠定必要的基础。

第六节　初等化理念

近几年来，随着国家对高等数学教育的重视和政策的调控以及社会对专业技术人才的需求形势的变化，高校的规模和招生范围都在扩大的同时也带来了一个问题，就是学生的文化基础参差不齐，成绩不高的学生数学思维能力低、数学思想差。让这样的学生学习突出强调数学思想的高等数学是比较困难的。高等数学教育属于高等教育，但是又不同于高等教育。它的根本任务是培养生产、建设、管理和服务第一线需要的德智体美全面发展的高等技术应用型专门人才，所培养的学生应重点掌握从事本专业领域实际工作的基本知识和职业技能，所以高等数学就是一门服务于各类专业的重要的基础课。但是数学在社会生产力的提高和科技水平的高速发展上发挥着不可估量的作用，它不仅是自然科学、社会科学和行为科学的基础，也是每个学生必须学会的一门学科，所以高等数学教育应重视数学课；但又因为高校教育自身的特点，数学课不应过多地强调逻辑的严密性、思维的严谨性，而应将其作为专业课程的基础，采取初等化教学，注重其应用性、学生思维的开放性、解决实际问题的自觉性，以提高学生的文化素养和增强学生就业的能力。

首先从教材上来说，过去的高校的高等数学教材不是很实用，其内容与某些本科院校的高数教材一样难。进入 21 世纪后，教育部先后召开了多次全国高等数学教育产学研经验交流会，明确了高等数学教育要"以服务为宗旨，以就业为导向，走产学研结合的发展的道路"，这为高等数学教育的改革指明了方向。在我们编写的高校教材中，就特别注意了针对性及定位的准确性——以高校的培养目标为依据，以"必需、够用"为指导思想，在体现数学思想为主的前提下删繁就简，深入浅出，做到既注重高等数学的基础性，适当保持其学科的科学性与系统性，同时更突出它的工具性；另外注意教材编排模块化，为方便分层次、选择性教学服务。在高等数学的教学上，也基本改变了过去重理论轻应用的思想和现象，确立了数学为专业服务的教学理念，强调理论联系实际，突出基本计算能力和应用能力的训练，满足了"应用"的主旨。

我们知道，数学在形成人类理性思维方面起着核心的作用，所受到的数学训练、所领会的数学思想和精神，无时无刻不在发挥着积极的作用，成为取得成功的最重要的因素。所以，在高等数学的教学中，应尽可能多地渗透一些数学思想，让学生尽可能多地掌握一些数学思想，另外数学是工具，是服务于社会各行各业的工具，作为工具，它的特点应该是简单的。能把复杂问题简单化，才是真数学。因此，若能在高等数学教学中，用简单的初等的方法解决相应问题，让学生了解同一个实际问题，可以从不同的角度、用不同的数学方法去解决，对开阔学生的学习视野，提高学生学习数学的兴趣与能力都是很有帮助的。

微积分是高等数学的主要内容，是现代工程技术和科学管理的主要数学支撑，也是高校、高专各类专业学习高等数学的首选。要进行高校高专的高等数学的教学改革，对微积分的教学的研究当然是首要的。所谓微积分的初等化，简单地说就是不讲极限理论，而直接学习导数与积分，这种方法也是符合人们的认知规律与数学的发展过程的。纵观微积分的发展史，是先有了导数和积分，后有的极限理论。因为实际生活中的大量事物的变化率问题的存在，有各种各样的求积问题的存在，才有了导数和定积分的产生；为使微积分理论严格化，才有了极限的理论。学习微积分，是由实际问题驱动，为解决实际问题而引入、建立起来的导数与积分概念的过程，使学生学会数学地处理实际问题的思想与方法，提高他们举一反三用数学知识去解决实际问题的能力。按传统的微积分内容的教学处理，数学的这种强烈的应用性被滞后了，因为它要先讲极限理论，而在初等化的微积分中，上来就从实际问题入手，撇开了极限讲导数、讲积分，正好顺应了"用问题驱动数学的研究、学习数学"的时代潮流。在初等化的微积分中，积分概念是建立在公理化的体系之上的，由积分学的建立，学生可以了解数学的公理化体系的建立过程，学习公理化方法的本质，学习如何用分析的方法，从纷繁的事实中找出基本出发点，用讲道理的逻辑的方式将其他事实演绎出来，这对学生将来用数学是大有益处的，也为将来进一步学习打下了基础。

在初等化微积分中，对实际问题的分析引入了可导函数的概念，使学生清楚地看到，问题是怎样提出的，数学概念是如何形成的。类比中学已经接触到的用导数描述曲线切线斜率的问题，学生了解到同一个实际问题可以用不同的数学方式去解决的事实，从而可以有效地培养学生的发散思维及探索精神。在高等数学初等化教学中，极限的讲述是描述性的，而不用语言，难度大大下降，体现了数学的简单美。

在微积分的教学中，一方面要渗透数学思想，同时也要兼顾学生继续深造的实际情况。所以高等数学中微积分初等化的教学可以这样进行：

一、微分学部分

微分学部分采取传统的"头"＋初等化的"尾"的讲法。即"头"是传统的，按传统的方法，依次讲授"极限—连续—导数—微分—微分学的应用"，其中极限理论抓住无穷小这个重点，使学生掌握将极限问题的论证化为对无穷小的讨论的方法；"尾"引进强可导的概念，简单介绍可导函数的性质及与点态导数的关系，把"微分的初等化"作为微分学的后缀，为后面积分概念的引进及积分的计算奠定基础，架起桥梁。此举不仅在于使学生获得又一种定义导数的方法，更重要的是，可以揭去数学概念神秘的面纱，开阔学生的眼界，丰富学生的数学思维，激发学生敢于思考、探索、创造的自信心。

二、积分学部分

积分学部分采取初等化的"头"＋传统的"尾"的讲法，积分学的"头"通过实际问题驱动，引入、建立公理化的积分概念，再利用可导函数的相关性质推出牛顿－莱布尼茨公式，解决定积分的计算问题。最后从求曲边梯形面积外包、内填的几何角度，介绍传统的积分定义的思想。这样处理的结果，不仅使学生学习了积分知识，而且能够使学生学到数学的公理化思想，学到解决实际问题的不同数学方法，对培养、提高学生的数学素质是大有好处的。

由于导数、积分等概念只不过就是一种特殊的极限，若将极限初等化了，导数、积分等自然就可以初等化了，所以可以不改变原来的传统的微积分讲授顺序，只是重点将极限概念初等化一下即可，也就是不用语言，而是用描述性语言来讲极限这样的讲法，虽然与传统的微积分教学相比没有太大的改动，但却能使学生对极限有关知识的学习，不仅有了描述性的、直观的认识，还能对与极限有关问题进行证明了，达到了培养、提高学生论证的数学思想与能力的目的。

在高等数学教学中，用简单的初等化方法教学，既符合高校教育的特点，满足高校学生的现状；又能让学生掌握应有的高数知识和数学思想，对学生素质的提高和将来的深造都能起到很好的作用。

第三章 高等数学教育在本科教学教育中的重要作用

作为高等学校理、工、经、管类等各专业的一门重要的公共基础课，"高等数学"是多学科共同使用的一种精确的科学语言，是培养学生数学意识、数学精神和创新应用的重要载体，它不仅是学生学习后续专业课程学习的基础，也是研究生入学考试的必考课程之一，更是科技产业人员科学技术素质的重要基础。该课程不仅传授高等数学知识，更肩负着培养高校非数学专业大学生数学素养的重要任务，在高等教育的专业人才培养过程中具有十分重要的地位和作用。

第一节 在"高等数学"教学中培养学生的数学素养

"高等数学"课程不仅要传授知识，更要传授数学的精神、思想和方法，培养学生的思维能力和数学素养。

数学的许多理论与方法已经广泛深入地渗透到自然科学和社会科学的各个领域之中。随着知识经济时代和信息时代的到来，数学更是"无处不在，无所不用"。数学在各个领域的应用对大专院校的"高等数学"教学提出了更高的要求。"高等数学"是非数学专业的一门重要的专业基础课，该课程除了使学生收获到必要的数学知识以外，更重要的是学生能收获到让他们终身受益的良好的数学素养和数学思维。只有掌握了正确的科学思维方法和具备了良好的数学素养，才能提高应变能力和创新能力。

一、数学素养的内涵

由经济合作与发展组织（OECD）领航的国际学生评测计划（PISA）对数学素养的界定是：数学素养是一种个人能力，能确定并理解数学对社会所起的作用，得出有充分根据的数学判断和能够有效地运用数学。这是作为一个有创新精神、关心他人和有思想的公民，适应当前及未来生活所必需的数学能力。

南开大学数学科学学院顾沛先生认为数学素养是通过数学教学赋予学生的一种学数学、用数学、创新数学的修养和品质，也可以叫数学素质。具体包括以下五个方面内容：主动探寻并善于抓住数学问题中的背景和本质的素养；熟练地用准确、严格、简练的数学语言表达自己的数学思想的素养；具有良好的科学态度和创新精神，合理地提出数学猜想、数学概念的素养；提出猜想后以"数学方式"的理性思维，从多角度探寻解决问题的道路的素养；善于对现实世界中的现象和过程进行合理的简化和量化，建立数学模型的素养。

二、培养数学素养的重要性

数学与人类文明、人类文化有着密切的关系。数学在人类文明的进步和发展中，一直在文化层面上发挥着重要的作用。数学素养是人的文化素养的一个重要方面，而文化素养又是民族素质的重要组成部分。因此，培养学生的数学素养，可以为民族素质的提高和发展创造有利的条件。

培养数学素养还有利于学生适应社会发展，有利于今后的可持续发展。大多数非数学专业的学生在今后的工作中所需要的数学知识并不多，如果他们毕业后没什么机会去用数学，那么他们很快就会忘掉在学校所学的那些作为知识的数学，包括具体的数学定理、数学公式和解题方法。对此，日本著名数学教育家米山国藏认为："不管学生们将来从事什么工作，深深铭刻在心中的数学精神、数学的思维方法，研究方法、推理方法和看问题的着眼点等，却将随时随地发生作用，使他们受益终身。"他还说："对科学工作者来说，所需要的数学知识，相对来说也是不多的，然而数学的研究精神、数学的发明发现的思想方法、大脑的数学思维训练，却是绝对必要的。"由此可以看到，对学生今后的发展起到最大作用的并非他们在课堂上学到的数学知识，而是在循序渐进的数学学习过程中获得的数学的精神、科学的思维方法、分析问题的逻辑性、处理问题的条理性、思考问题的严密性。这些良好的数学素养对人的发展起着不可或缺的作用。

三、在"高等数学"教学中培养学生数学素养的具体做法

当前，各高校各专业的"高等数学"课程标准不同、书籍版本不一、师资水平不齐，提升数学素养的"高等数学"教育教学改革创新可以按照"谁来教，教什么，怎么教，怎么考"的总体思路展开思考，即从师资水平、教学内容、教学方法、考核方式等方面进行探索。

（一）重视数学的灵魂——概念和观念的教学，培养学生善于抓住问题本质的素养

"高等数学"中的很多基本数学概念，如极限、导数、积分和级数等都是从实际应用问题中产生并抽象出来的，数学概念的提出和完善过程最能反映抽象思维的过程。而且只有深入分析并透彻理解数学概念才能指导学生将其应用于解决其他相关问题，从而提高应用能力。如果将教学的重心放到解题方法和解题技巧上，而忽略了真正的灵魂——概念和观念的教学就是本末倒置了。数学概念的引入过程中增加一些有趣的新颖的例子，让学生体会从实际问题中抽象出数学概念的方法。同时在课外练习中增加很多概念理解型的题目，帮助学生深刻理解导数概念的本质；在引入偏导数和全微分概念的时候，通过实例引导学生思考如何能在一元函数导数和微分的定义基础上进行相应的修改或做一定的变化得到多元函数的类似概念；讲授微分概念时，着重强调以直线段代曲线段、以线性函数代非线性函数的思想。另外，还简单地介绍离散化、随机化、线性化、迭代、逼近、拟合及变量代换等重要的数学方法，让有兴趣的学生课后查找资料深入学习。这样做可以让学生学会解决实际问题的根本方法即抓住问题的本质，并在探究的过程中体会到乐趣和成就感，同时培养学生抽象的能力、联想的能力以及学习新知识的能力，有利于提高学生的数学素养。

（二）在课堂教学中渗透数学史，让学生感受数学精神、数学美

现代数学的体系犹如"茂密的森林"，容易使人身陷迷津，而数学史的作用正是指引方向的"路标"，给人以启迪。数学的发展历史中，包含了许多数学家无穷的创造力。很多数学问题并非靠逻辑推理就能一步步解决的，而是起源于某种直觉、某种创造性构建，甚至把许多表面不相关的东西牵连在一起思考，然后再通过严密的逻辑推导过程来完善它。如果在课堂上适时、适当地引用数学史的知识作为补充和指导，不但可以活跃课堂气氛，还可以激发学生的学习兴趣。比如，在讲授微积分的内容时介绍它是人类数学史上的重大发现，介绍牛顿－莱布尼茨定理产生的历史背景；在讲授解析几何时，将笛卡儿引入坐标方法用方程表示曲线并创立解析几何的思维过程展现给学生，使学生明白学习解析几何的意义。通过数学史可以了解知识的逻辑源头，理解数学概念、结论产生的背景和逐步形成的过程，体会蕴含在其中的思想，体验寻找真理和发现真理的方法，体会数学家的创造性，有利于培养学生的创新能力。另一方面，数学的发展并非是一帆风顺的，数学史是数学家们克服困难和战胜危机的斗争记录，是蕴含了丰富数学思想的历史，学生了解数学史的同时会为数学家们的科学态度和执着追求的精神而感动，这是能够引领学生一生的精神食粮。除此之外，数学无论是在内容上还是在方法上都具有自身的美。数学之美体现在多个方面，如微积分的符号集中体现了数学的简洁美，众多微积分公式体现了数学的对称性和协调性，线性微分方程解的结构体现了数学的和谐美。在讲授"高等数学"的时候引导学生欣赏数学的美，数学的学习将不再枯燥，学生的审美情趣也会在对美的享受过程中逐步提升。

第二节　在"高等数学"教学中培养学生能力

培养大学生的创新思维和实践能力是高等学校实施素质教育的重要内容。近年来，虽然"高等数学"教学内容整体基本稳定，知识结构也没有太多变化，然而，在教学过程中也发现了许多问题，多数学生学习的目标仅仅是为了通过期末考试，而很少重视培养自己的数学能力。在课堂教学中，如何由传统的单纯传授知识向培养学生创新思维和实践能力转变，如何利用先进的教学手段为数学教学服务，如何找到培养学生创新意识的新途径更是有待我们解决和探讨的问题。鉴于此，笔者结合教学工作中的一些体会，针对在"高等数学"教学中如何提高学生的创新思维和实践能力问题进行了初步的思考与探索。

一、课堂上采用新的教学方法，注重学生创新意识的培养

在课堂教学中，教师要把学生当作教学的主体，引导和启发学生学会自己思考，用问题激发学生的学习兴趣。根据教学内容的不同，可以有问答法、思路法、分解法、对比法、课堂讨论法。改传统习题课为讨论课，在讨论课上，就一个或几个难点、重点问题开展讨论，充分发挥学生的积极能动性，在自由使用这些方法后学生的逻辑推理能力、分析判断和解决问题能力都能得到锻炼和提高。这一切为他们创新思维的形成也奠定了坚实的基础。在讲授曲面积分的计算时，除了书本上的分面投影，可以引导学生积极思考其他的解决方法，例如，能不能把不同的对坐标的曲面积分化归到同一积分形式呢？如果可以，这样一定可以大大节省做题时间，学生在寻找新的解决途径时也会提高他们的创新思维能力。总之，在"高等数学"教学中，要做到变灌输为启发，变督促为引导，变"让我学"为"我要学"。

二、教师要精心设计教学环节，把教学当作一门艺术

高等教育的改革和创新人才培养的提出，对教师提出了更高的要求。长期以来，许多教师习惯于传统的教学模式，还有一部分教师不熟悉新的教学方法和手段，不

少高校也采取了一些措施激励教师在课堂教学中不断培养学生创新思维和实践能力，但效果并不明显。课堂上培养学生的创新思维必须有一套合理可行的方法。首先，教师要有渊博的知识，不断钻研教学内容，真正吃透并讲出课堂精髓，做到"重点讲透，难点讲通，关键讲清"。其次，教师要研究教学规律，不断把正确的教学思想和理念贯彻到教学中去，如 Gauss 公式、Stokes 公式、Green 公式，Newton-Leibniz 公式是高等数学中的重要公式，它们都反映了几何形体内部的某种变化率与边界有关量之间的关系。有了一定的基础，学生会提出质疑，为什么完全不同类型的积分会有这些相似的性质，这些相似性质之间有没有本质的统一的联系呢？事实上，它们都是同样一个性质在不同情形的各个侧面的体现。在教学中，教师可以引入外微分算子，将不同的积分公式从本质上统一起来。这样在质疑中，学生能够不断提高自己的创新思维能力。最后，教师要精心设计每一堂课，不断创新，寓教于理，寓教于情，寓教于乐，让学生在欣赏和享受中汲取广泛的营养。数学课是枯燥无味的，在课堂上不断激起学生学习的兴趣是非常重要的，让学生克服对数学的惧怕，使其喜欢数学课，教师起到了重要的作用。数学知识的连贯性很强，课堂上一节课的内容，学生课下花费两小时也未必能完全理解掌握，这样给后续知识的学习造成障碍，学不会更不想听，最终的结果是不喜欢数学课甚至不想看到数学教师。所以，让学生在快乐中学习数学知识显得尤为重要。

三、不断改革教学内容，让创新贯穿整个教学过程

创新能力的培养应该贯穿整个"高等数学"的教学过程，把创新教育融入课堂教学的各个环节，使学生在学习数学知识的同时自觉形成创新意识和创新精神。在课堂上，教师要鼓励学生大胆提出新问题，并对其进行鼓励和引导，给学生充分发挥和想象的空间。在教学中，教师一般很喜欢学生当堂质疑，不论正确与否，对于这些学生教师不但不批评还会进行鼓励，学生只有具备了创新意识和创新精神，他们才会孜孜不倦地去学习和探索新知识。将创新贯穿于整个课堂教学中对于提高学生的创新思维能力至关重要。我国传统的"高等数学"教学注重演绎及推理，重视定理的严格论证，这对于培养学生的数学素养有一定好处。然而，对大部分专业的学生来说，高等数学只是一种工具，从应用的角度考虑，学生的重点是要对结论正确理解。因此，在教学中，教师应强化几何说明，重视直观、形象的理解，把学生从烦琐的数学推导中解脱出来，做到学以致用。例如，在介绍积分中值定理时，结合函数图像进行分析，说明能够找到一个矩形的面积和曲边梯形面积相等。再比如，讲解拉格朗日中值定理时，可以引导学生思考，如果两个区间端点不在同一个高度时，曲线内部是否仍存在平行于两端点连线的切线？进一步，从图像上分析证明过程中

辅助函数的构造方法，启发学生思考其他的构造方法，这样，既加深了学生对定理内容的理解，也有助于学生对知识的应用。

四、积极实践，探索培养学生创新意识的新途径

课堂上，教师应将粉笔板书与多媒体演示结合起来，根据每个章节的不同特点，采用不同的教学方法，能使教学变得轻松而有趣，从而提高教学效果。对于立体图形和一些动态演示，可以借助多媒体加强直观性和趣味性；而对于一些逻辑上的推导，只有借助于黑板才能更清晰地展示给学生。两种手段结合起来使用，会取得更好的课堂效果。教师可以将教学内容传到网络，学生可以在网上自由查阅，还可以在网上答疑，学生的作业提交和返还也可以在网上进行，使用现代化的教学手段不仅可以提高教学效率，还可以增加学生学习兴趣。

五、高等数学教学中审美能力的培养

我国数学家徐利治教授提出："数学教育与教学的目的之一，应当让学生获得对数学美的审美能力，从而既有利于激发他们对数学科学的爱好，也有助于增长他们的创造发明能力。"审美能力是人独有的能力，它的形成与发展与人的生理素质有关，更与人的社会实践有关。在数学教学中，为了培养学生的数学审美能力，要求教师引导学生对学习内容中的数学美的特征产生兴趣，把抽象的数学理论美的特点充分展现在学生的面前，渗透到学生的心灵中，使他们感到数学王国充满着美的魅力。

（一）数学美感的形成

数学审美心理的基本形态是数学美感。数学美感，亦称数学审美意识，是指数学审美对象作用于审美主体，在其头脑中的反映。数学的审美意识包括数学审美意识活动的各个方面和各种表现形态，如审美趣味、审美能力、审美观念、审美理想、审美感受等。

数学美感的表现形式和产生美感的原因是多方面的、多层次的。从数学美感的形成上看，它是一个由表及里、由感性认识向审美观念升华的过程。其最低层次往往是由审美对象外在形式的触发而引起的。当数学家发现了某种具有美的特征的研究对象时，看一眼就可能立即受到强烈的吸引，被所观察的数学对象的美感动而心荡神迷，甚至达到沉醉忘我的地步。如对称的几何图形、整齐的行列式、统一的方程式、奇异的数学式子、抽象的数学符号都会使他们为之倾倒，并醉心于数学美的享受之中。

但是，许多数学家认为是美的东西，其他人却不见得能发现其美。而在外行人

看来是枯燥无味的东西，数学家却能理解其中的奥妙，领略其中美的神韵。这种美感是一种高层次的美感，它与数学家的素养、数学研究的经验和对数学理论的评价水平有关，是处在审美意识深层的一种发现形式，人们称之为审美观念。这是由数学的审美经验的积累和归纳而成的概念形态。

在高等数学教学中，如果能经常揭示这些数学美，使学生走过数学家的思维历程，感受其中的思维灵感，比单纯讲授一个定理、公式更有意义。同时数学美感的形成，也会使学生更深刻地理解数学知识。

（二）数学审美能力的培养

数学审美能力是审美主体欣赏数学理论的审美价值时所必需的能力。数学审美能力的培养，一方面可通过对数学的学习、研究而自身形成，另一方面可通过数学的审美实践和审美教育来培养。数学的审美教育可通过多种方法和途径来实现，其途径之一就是学习美学的基本知识，懂得一定的艺术规律。在数学教学中，要求教师具有一定的美学基本知识，认识数学美的特点，能够敏捷地感知和理解教学内容中的美学因素。教师只有具备基本的美学知识，才能把与数学内容有联系的美的因素引入到课堂教学中，学生才能感知和理解数学美，从而产生学习兴趣，达到以"美"促"智"的目的。

从理智上认识美是很重要的，而将其融入情感，使人通过对美的感受、体验等心理活动，在情感上受到感染则更为重要。审美教育的过程常伴随着主体强烈的情感活动，它能引起人们感情的激荡，造成感情上的共鸣。教育者对事业、对学生、对数学要充满真挚热爱的情感，教师对事业、对学生的热爱之情会使学生感到亲切，教师对数学强烈的喜爱之情会使学生对所学的内容倾注自己的情感，产生对数学的爱。

培养数学的审美能力最重要的途径就是投身于数学的创造实践之中。研究数学是一种艰苦的创造性劳动，它需要强烈的对美的追求和浓厚的数学审美意识。数学创造过程需要审美功能的全面发挥，从数学的创造实践培养数学的审美能力是最有效的方法。在数学的学习过程中，来培养数学的审美能力。例如，通过对杨辉三角的直观观察，可推出许多的组合恒等式，对于这些等式，不一定非要按照书本上一个一个地看下去，而应该通过自己的观察、猜想，然后再去推证。作为教师要选择一些典型问题，一步一步启发学生去发现。

六、高等数学教学中创新能力的培养

高等教育培养的应是在技术岗位上具有创新能力的知识型劳动者。数学是人类理性文明高度发展的结晶，体现着人的巨大的创造力。在高等数学教育中，教师应利用数学美为载体，开展数学探究活动，培养学生的创新能力。

逻辑推理是一种抽象的思维方法，是创造性思维活动，它是运用人的思维力，按照逻辑规律，将几种知识重新组合或者是将一个领域的某些知识合乎逻辑地推广、移植到另一领域。这种组合、推广或移植的知识不是原来知识的简单重复，而是一种新知识的创生，即是创造。数学常常被称为"解决问题的艺术"，在寻求一个数学问题的答案时，往往需要将问题进行转化，它主要通过化难为易，化繁为简，化暗为明，将要解决的问题转化为另一个可以解决的等价命题，这种转化的思想是数学中的简洁美的一种具体体现，简洁美通过转化作用可以产生新的创造，这是最常用的数学创造实践活动。

数学中的奇异美可导致新思想、新观念、新方法的产生，数学的奇异美突出地表现在数学原有的和谐性的丧失、新秩序的建立，它是数学创造的源泉。数学中的三次数学危机的解决与非欧几何的诞生使人们了解到数学真理的相对性，康托尔无穷数理论的创造蕴含着"数学的本质在于自由"的数学本质观。这种怀疑一切、超越传统的思想有助于培养学生的创新精神，同时，数学又是人类创新的锐利工具，无论数学知识的应用或是数学知识的发展，都需要研究新问题，根据实际情况做出恰如其分的分析，并由此找到解决问题的途径。这里没有现成的答案可循，需要某种程度上的创新，而这种创新能力的培养，正是高等教育的目的之一。学习数学美、感悟数学美，正是培养学生创新精神的一种有效途径。

审美情感是数学创造的动力来源之一，如果数学教师、数学工作者，能在数学教学及其他数学研究与实践中，主动地、强意识地通过美丽的画图、和谐的数学模型、简洁精练的数学语言，注意对学生进行审美情感的教育，使他们能在"枯燥"的数学推理中，领悟到数学美的存在，并将美的情感升华为创造的动力，就会使学生为追求美而自觉地去创造，为追求美去努力攀登，为创造美去积极地探索！

第三节　提高高等数学教学效果的实践与认识

一、高等数学教学的实践与认识

数学是一门历史悠久、理性而又成熟的学科。20 世纪以来，由于科学技术的飞速发展，数学科学在与其他科学的相互渗透和相互影响中日益壮大。现代数学无论是在观点、思想上还是在内容、方法上都具有更高的抽象性和概括性，它深刻地揭示了数学科学的内在规律和联系，以及数学科学与客观世界的形式与变化规律之间的联系，因此它越来越多地渗透到科学与工程技术的各个领域，成为至关重要的部分。尤其是计算机科学和现代数学的相互影响和促进，大大地扩展了数学科学的应用范围。总之，现代数学已经成为自然科学、工程技术、社会科学等不可缺少的基础和工具，显示出强大的生命力。

（一）书籍要体现科学系统的构架理论，才能提高学生的学习应用能力

书籍是教学的依据，一本好的书籍，有利于培养学生反复钻研、认真推敲的读书习惯，有利于培养学生循序渐进、深入浅出的思维方法。而且阅读是一个复杂的心理过程，需要理解文字符号的表层结构、内容的深层结构，并对书籍所传递的信息进行加工分析。因此没有好的书籍是不行的。但有些书籍对培养学生的能力重视不够，分析解决实际问题的例子太少，且有些内容只注重理论的严密性，缺乏启发性和趣味性，以致部分学生在学习这门课程时感到有困难，积极性不高，并感到学了无用，不愿钻研。也就是说，如何既让优等生学好数学，也让程度一般的学生学好数学；让刻苦学习者学好数学，也让学生尽可能带着兴趣自觉地学好数学，书籍和教学质量在这个过程中起着重要的作用，所以选择好的书籍是学好数学的第一步。

（二）讲好绪论，激发兴趣，从理解极限开始；抓住线索，带动全书，以增强能力为目的

兴趣是个体对特定的事物、活动及人为对象，所产生的积极的和带有倾向性、选择性的态度和情绪，那么如何激发学生学习高等数学的兴趣呢？可以这样讲述绪论课：学校风景优美，绿树成荫，碧波荡漾，每当从池塘边经过，你们是否想过，池塘的水面有多大呢？如果不能得到一个精确数值，那么是否可以近似计算呢？例如，把池塘看成一个曲边梯形，并对这个曲边梯形不停地进行分割，于是分割得越细，与精确值就越接近，那么无限分呢？这样就引进了常量与变量，并讲述研究变量的高等数学与研究常量的初等数学的区别与联系，高等数学的基本内容和思想方法，它被人们发现的重大意义和学习这门课程的重要性，以及学习的基本方法和注意事项等。这样就使学生在脑子里对这门课程有了一个大致的轮廓，并做好一些必要的思想准备，从而激发他们的兴趣和毅力，使他们主动积极地钻研书籍，创造性地思考问题。高等数学是用极限方法研究函数形态的一门课程。这门课程的基本概念是收敛，基本方法是极限方法，基本工具是极限理论，基本思想是运动辩证法的逼近思想。首先从极限开始，就进入了变量数学学习阶段，数列（函数）极限的定义是极限这一章乃至整个高等数学的难点和重点内容之一，而且这也是学习导数与微分等后续内容的基础。随着学习的深入，学生掌握的概念、定理越来越多，如果

抓不住关键，找不到主线，这些东西在学生的头脑中是零乱而无头绪的，久而久之，学生在头脑中形成了"死结"，渐渐会对数学学习失去兴趣。整个高等数学的内容分为极限、微分学、积分学、级数、常微分方程这几部分，其中关键是一元函数的极限、微分学、积分学、正项级数。高等数学具有很强的逻辑性、连贯性，在教学中必须得到切实的重视，否则，学生只是盲目地接受概念、定理的直观性。高等数学中很多概念、定理都有明确的几何解释，只是在这些内容最终形成以后，才显得如此抽象而难以接近，而教师的责任就在于"复原"它们，使学生感到这些内容就来源于现实，并感到亲近、自然、和谐，能更好地理解其含义，正确运用它们解决实际问题，能够进一步领略数学家们创造、发明的思维过程，启迪思维，体验数学家们的辛勤与坚毅，进而激励学生学会学习，学会思考，从而培养学生的抽象思维能力。

（三）高等数学中数学思想方法的贯彻

数学教育的目的不仅要使学生掌握数学知识与技能，更要发展学生的能力，培养他们良好的个性品质与学习习惯，全面提高学生的综合素质。从这个意义上讲，教师有必要把数学思想方法作为重要的教学内容落实到高等数学教学的全过程之中。教师在高等数学教学中，要挖掘并渗透数学思想方法，将数学知识的教学作为载体，把数学思想方法的教学渗透到数学知识的教学中，把数学思想方法纳入基础知识的范畴，使学生从高等数学的学习中获得，从而强化数学思维和思想方法的培养，提高创造性，以及应用数学知识去解决问题的能力。然而，数学思想的传播、数学方法的运用是一个潜移默化的过程，蕴含在整个教学过程中。概念的形成过程，定理、推论、习题的推导过程，规律的揭示过程等都是体现数学思想方法的机会。尝试在教学过程中适时地渗透数学思想方法；通过课程内容小结、课前复习和课后总结提炼概括数学思想；开设专题讲座，升华数学思想方法，并使数学思想方法的教学紧密结合书籍，重在教师有意识地点拨与渗透。知识的记忆是暂时的，方法和思想的掌握是长远的；知识使学生只受益于一时，方法和思想将使学生受益终身。要使学生逐步理解收敛概念，掌握以"静"描"动"、以"直"代"曲"、以"近似"逼近"确"的思想和方法，就必须树立起辩证的思维方法。在授课中，教师要尽量结合微积分的发展史，讲一些既有趣味又富有道理的故事，这样既能满足学生的求知欲，又可拓宽他们的思维空间，提高他们解决科学问题的能力。

二、提高理工类高等数学课堂教学效果的对策

"高等数学"作为工科类专业的一门基础课程，其教学质量的好坏将直接影响学生对后继课程学习的兴趣和专业成绩。如何提高高等数学的教学质量和教学效果，

是各大高校近年来一直积极探索的重要课题，也是数学教师努力追求的目标。笔者根据多年从事高等数学教学的实际经验，对高等数学的教学现状进行分析，现浅谈几点提高高等数学教学质量的体会。

（一）存在的问题

1. 学生学习态度不够端正，对高等数学的学习普遍抱有恐惧心理。尤其是理工类专科生，他们高中数学的基础本来就比较薄弱，因此对高等数学的学习失去信心，很多学生都有"及格万岁"的思想。

2. 学生学习主动性不高，缺乏专研精神，遇到没听懂或不太理解的知识点不会课后请教教师或同学，以至于不懂的知识点越积越多，对待作业抄袭现象比较严重。还有些高中基础较好，上课较认真的学生课堂上虽然听懂了，但没做课后作业，以至于知识点没有完全理解透彻，囫囵吞枣，学到后面较难知识点时也就疲于应付了。

3. 教师教学方法单一，缺乏多样性，上课仍旧采用传统的"黑板＋粉笔"的方式。由于高等数学总课时不断减少，部分教师采用"满堂灌"的教学方式，即课堂上一直在讲授新的知识点而不考虑学生的接受程度，学生在课堂上难以完成必要的思维、运算技能的锻炼，课堂缺乏互动，学生主体作用没有发挥，教学效果不甚理想。

（二）提高课堂教学效果的几点措施

1. 引入多媒体辅助教学，提高课堂教学质量

对于高等数学课程，适当地引入多媒体教学，可以改善教学方式，提高教学效率，从而提高学生学习的兴趣。应用多媒体技术可以增大教学信息量节省板书时间，可以加强直观教学，有助于学生对抽象概念和理论的理解。比如，在讲授"不定积分的几何意义""定积分的概念和性质""定积分的几何应用""空间解析几何"等知识点时，引入多媒体教学比普通的板书效果要好得多。

然而，多媒体教学自身也有不足之处，比如，若播放太快，学生跟不上节奏；容易分散学生的注意力；课堂交流、互动机会减少等。因此，采用多媒体教学和传统的"黑板＋粉笔"相结合的方式，发挥各自优势，会达到更好的教学效果。

2. 增加师生互动，活跃课堂气氛

好的数学课，要让学生全身心地投入到学习活动中，让其感受到自己是学习活动中有价值的一员。教师在教学中通过讲授、设问及启发等方式，积极鼓励学生思考、讨论、质疑等，充分调动学生参与教学活动的积极性，让他们亲身体验知识的发生、产生过程，更能让他们对数学产生亲切感，从而消除他们对数学的恐惧感。此时，教师不再是权威，更像是一位知识启蒙的引路人。

另外，教师要提供机会让学生走上讲台，一般在讲解习题课时，挑出部分题目

让学生上台板演，每次 4~5 名学生上台。既能考查学生对知识的掌握程度，做到讲解时突出重点，又能使教师对学生答题时的书写不规范给予及时更正。以上的互动方式，既可提高数学课的趣味性，又能使学生保持对数学学习的兴趣，提高语言的表达能力。

3. 讲述史料，充实教学内容，鼓励学生积极向上

教师在教学过程中，适当地讲解一些数学史的内容，介绍部分数学家的生平事迹，介绍一些数学知识的产生与发展过程，既可以增添数学的趣味性，发现数学美，更重要的是可以潜移默化地给学生以思想教育，激起学生的学习兴趣，也可以拓宽学生的视野，扩大他们的知识面。

如讲解"极限"时，教师可介绍数学史上的第二次数学危机，从此诞生了极限理论和实数理论；引入导数时，可以介绍牛顿和莱布尼茨的导数发明之争。另外，结合数学内容适当地插入数学家的故事，如自学成才的华罗庚，哥德巴赫猜想第一人的陈景润，博学多才的数学符号大师莱布尼茨和著名的物理学家、数学家、天文学家牛顿，通过这些故事坚定学生学习数学的信心，也让学生对科学研究产生浓厚的兴趣。

4. 联系实际，将数学建模思想融入其中

高等数学中许多概念的引入都是从实际问题中抽象出来的，如刘徽的"割术"体现了极限的思想；莱布尼茨的切线斜率体现了导数的思想，等等。在具体教学过程中，教师要注意渗透数学建模的基本思想和方法，因为高等数学的实际问题其解决过程就是一个建模过程。在例题和习题的选择方面，教师要适当加大应用题的比例，再结合学生几何学、物理学及高等数学基础，培养学生数学建模的初步能力。另外，在高等数学教学中增加数学模型和数学实验的教学，从而进一步提高学生分析问题、解决实际问题的能力。

5. 回顾总结，融会贯通

在每小节内容讲完后对该小节的知识点做个归纳总结，在回顾知识点和总结方法时，突出重点、难点。同时，由于高等数学是一门逻辑性非常强的课程，前后各章内容关联性很大，在教学过程中，需将各章知识点加以分析、类比、归纳和总结，使所有知识点相互关联，从而使高等数学的所有知识点形成一个完整的系统。

比如，学完了一元函数微分学，教师可引导学生把可导、连续和极限存在三者之间做个总结，得出可导必连续，连续必极限存在，反之不成立；多元函数偏导数实质上仍是一元函数求导的问题，对某个变量求偏导时把另一个变量看成常数，等等。

6. 精挑习题，布置课后作业

每堂课结束前教师都在精心挑选、布置有代表性的课后作业，课后作业依据优

化题量、优化题型的原则，认真挑选使学生容易形成技巧的重点题型，达到做少量习题掌握全部知识点，掌握较多解题方法的效果，课后习题一般从课后或课外升学资料中挑选。

随着我国素质教育的不断深入，大学对于高等数学教育的要求也在不断提高，高等数学的作用也将得到更大发挥。高等数学的教育工作者根据教学对象及教学要求要不断改进教学方法，完善教学模式并提高教学质量。

第四节　培养"高等数学"教学中数学思维与创新能力

高等数学课程是高等学校理工科各专业的重要基础理论课，它不仅是各专业学科及其他理工科数学课程的重要工具，更是培养学生理性思维、创新思维、思辨能力的重要载体，是开发大学生潜在能动性和创造力的重要基础，也是影响人才创新能力的关键因素。在高等数学教学中要培养大学生的创新思维品质，加强对大学生创新能力的培养，在教学过程中要注意培养学生的观察力和在教学过程中培养学生的创新思维，使大学生成为综合素质高，具有创新理念、创新意识的复合型创新人才。

高等数学教学中要加强对学生进行创新教育。高科技时代，创新教育是培养学生创新精神和能力的教育方式，其核心内容是创新思维能力的提高。在高等数学教学中，如何实现创新教育，是值得高校教师关注的问题。由于大学生进入高校最先接触的基础课是高等数学课程，教师要在高等数学教学中培养学生的创新意识及创新能力，要善于在教学过程中挖掘书籍中关于创新和能够创新的问题，将创新工作和新知识点引入高等数学的课堂教学之中，让学生通过对高等数学课程的学习，掌握基本的方法，更好地培养和提高大学生的创新能力。

一、高等数学教学中教育理念的创新

要提高大学生的创新能力，教师就必须具有创新的讲授理念，培养大学生在高等数学的学习过程中增进创新的理念，增长创新的能力，这样才能使大学生在掌握高等数学的基础上，在实践中提高创新能力。这种教育模式是一种潜在的教育效果，不会一蹴而就。这种创新的高等数学教学理念，需要教师在传统的教学中通过教师的精心设计和创新理念的引导，从开展高等数学教学创新的方式来激发大学生的创新理念和学习兴趣，激发大学生学习创新的热情，夯实大学生的学习基础，采取创新的学习方法，营造创新的高等数学教学氛围。

二、创新能力在高等数学教学中的培养

高等数学教学任务是培养学生掌握高等数学的基本知识、基本原理、基本定理，它将为学习其他学科铺垫数学的基础知识，这些高等数学的知识必将运用到今后的实际研究工作和生活中。显然，高等数学知识是否熟练掌握，关系到大学生在进入社会工作后的应用结果。因此，作为教师，在教授高等数学知识时就要注意培养学生的创新意识，不要认为高等数学只是一种基础知识，要通过对大学生传授高等数学知识，营造大学生良好的学习环境，培养学生的观察能力，鼓励学生自主探讨培养学生的创新能力。

在高等数学教授过程中对大学生进行创新教育，要求教师给学生提供良好的学习环境。教师在教学过程中要发扬民主作风，在课堂上创建一个平等、民主的教学环境，鼓励学生发言，学生内部之间进行讨论，强化学生的学习自主意识。要给学生充分发挥创意的空间，鼓励学生进行创新，让学生敢于发表自己的意见。要多创造机会让学生能够表现自己，展现自己的创意，在表现中获得自信，提高自己的创新能力。教师在总结时，要多给学生鼓励的词汇，激活学生对创新理念的认知活动。针对不同的高等数学教学内容，采用恰当的教学方法，培养学生的创新能力。

（一）概念性内容应注重发现式教学法的运用

发现式教学法是指教师在学生开始学习新知识时，只给他们一些实例或问题，让学生积极思考，自行发现并掌握相应的概念和原理的一种教学方法。它的指导思想是：在教师的启发下，使学生自觉、主动地研究客观事物的属性，发现事物发展的起因和内部联系，从中找出规律，形成自己的概念。在运用发现式教学法进行概念性内容的教学时，创新能力培养的重难点在于课堂上如何处理好书籍上已知的定义（学生思想上尚未形成）与实例之间的关系，教师不但要引导学生通过实例得到基本数学表达式，更应关注在实例抽象过程中学生思维上相关概念形成的过程，全力引导、启发学生体会其中的数学思想，只有这样，才能使学生"发现"这些隐藏在实例中的事物的本质，"提出"相应的概念，达到提高创新能力的目的。如在定积分概念的教学中，教师应把重点放在如何引导学生深入分析曲边梯形的面积和变速直线运动的路程这两个问题上，从处理直与曲、匀速与变速之间的相互转换过程中领悟定积分的思想方法，再通过学生自己的抽象、归纳，自然而然地"创造"出定积分的定义。

（二）理论性内容应侧重探究式教学法的运用

探究式教学法是教师根据教学内容，适当设置或改变一些条件，提出相应的问题，

引导学生通过探索、研究，揭示问题的内部规律的一种教学法。它的主要优点是可以充分发挥学生的观察力、思维力、想象力和创造力，利用学生在探索过程中产生的新奇、困惑，激起他们的大胆猜测，促进他们创造性思维能力的提高。如在微分中值定理的教学中，首先设置函数 f(X) 在 [a，b] 上连（b）上可导，并且 f(a)=f(b) 的几何直观背景，要求学生观察曲线 y=f(x) 上水平切线的存在性，然后改变上述条件中的任一个，再观察曲线 y=f(x) 上水平切线的存在性，分析种种可能出现的情况，由此推测出 Rolle 定理。在引进 Lagrange 定理时，教师去掉 Rolle 定理中的条件 f(a)=f(b)，要求学生观察曲线 y=f(X) 上切线与连接两点 [a，f(a)]，[b，f(b)] 的弦的位置关系，通过比较、类比，学生就可以猜测到 Lagrange 定理的结论。上述过程，不但提高了学生的创新意识，还能够让学生感受到探索未知，获取真知的乐趣。

（三）应用性内容应着眼于讨论式教学法的运用

讨论式教学法是教师围绕教学内容拟定密切相关的若干问题，通过组织学生讨论，各抒己见，最后共同总结、归纳出解决问题的一般性方法。它的优点在于可以增强学生的主体意识，开拓思维，提高创新能力。讨论式教学法，有利于开阔学生思路，培养学生善于发现问题、全方位分析问题、多角度研究问题、综合处理问题的能力，有利于学生积极思考、相互研讨，培养学生的协作能力和创造能力，促进学生逻辑思维能力的提高，具有研究和启发式的教学特点。教学过程中，将知识的传授与综合能力的培养统一考虑，以书籍为蓝本，着力分析问题的产生、理论的建立、方法的运用，使学生弄清知识形成的全过程，让学生既可以学到基本理论知识，又可以学到做学问的方法。

第四章 高等数学教学方法研究

第一节 高等数学中案例教学的创新方法

新时期教育对教育质量和教学方法提出了越来越高的要求，高校的教育理念不断更新，教学方法不断发展。高等数学作为高校重要的必修基础课，可以培养学生的抽象思维和逻辑思维能力。目前学生学习高等数学的积极性较低，对此，教师可以应用案例教学法，该方法灵活、高效、丰富，能充分提升学生的主观能动性和积极性，增强其分析问题和解决实际问题的能力，培养学生的创新思维，实现新时期创新人才培养目标。本节就高等数学中案例教学的创新方法展开了论述。

一、高等数学案例教学的意义

案例教学是一种以案例为基础的教学方法：教师在教学中发挥设计者和激励者的作用，鼓励学生积极参与讨论。高等数学案例教学是指在实际教学过程中，将生活中的数学实例引入教学，运用具体的数学问题进行数学建模。高校高等数学教育过程的最终目标是提高学生的实践意识、实践技能和开创性的应用能力。在数学教学中引入案例教学打破了以理论教学为主的传统数学教学方法，取而代之的是数学的实用性，尊重学生自主讨论的数学教学理念。

案例教学法在高等数学教育中的运用，弥补了我国教师传统教学方法的不足，将数学公式和数学理论融入实际案例，使之更具现实性和具体性。让学生在这些实际案例的指导下，理解解决实际问题的数学概念和数学原理。案例研究法还可以提高大学生的创新能力和综合分析能力，使大学生很好地将学习知识融入现实生活。此外，案例研究法还可以提高教师的创新精神。教师通过个案研究获得的知识是内在的知识，能在很大程度上把"不安全感"的知识融入教育教学。它有助于教师理解教学中出现的困境，掌握对教学的分析和反思。教学情境与实际生活情境的差距大大缩小，案例的运用也能促使教师更好地理解数学理论知识。

二、高等数学案例教学的实施

案例教学法在高等数学教学中的应用，不仅需要师生之间的良好合作，而且需要有计划地进行案例教学的全过程，以及在不同实施阶段的相应教学工作。在交流知识内容之前，应该先介绍一下，并且可以深化案例，让学生更好地了解相关知识。案例深化了主要内容，使学生更好地理解讲座内容。在此基础上，引导学生将定义和句子提到更高层次。提前将案例材料发给学生，让学生阅读案例材料，核对材料和阅读材料，收集必要的信息，积极思考案例中问题的原因和解决办法。

案例教学的准备，包括教师和学生的准备。教师根据学生的数学经验和理论知识，编写数学建模案例。在应用案例研究法时，首先概述案例研究的结构和对学生的要求，并指导学生组成一个小组。其次，学生应具备教师所具备的数学理论知识。教学案例的选择要紧密联系教学目标，尊重学生对知识的接受程度，最终为数学教学找到一个切实可行的案例。教学案例的选择和设计应考虑到这一阶段学生的数学技能、适用性、知识结构和教学目标。通常理论知识是抽象的，这些知识、概念或思想是从特定的情况中分离，并以符号或其他方式表达出来。在应用案例教学法时，应注意教学内容和教学方法，强调数学理论内容的框架性，计算部分可由计算机代替。例如，在极限课程的教学中，应强调来源和应用的限制，而不强调极限的计算。

三、高等数学案例教学的特点

（一）鼓励独立思考，具有深刻的启发性

在教学中，教师指导学生独立思考，组织讨论和研究，做总结。案例教学能刺激学生的大脑，让注意力随时间调整，有利于保持最佳的精神状态。传统的教学方式阻碍了学生的积极性和主动性，而案例教学则是让学生思考和塑造自己，使教学充满生机和活力。在进行案例研究时，每个学生都必须表达自己的观点，分享这些经历。一是取长补短，提高沟通能力；二是起到激励作用，让学生主动学习、努力学习。案例教学的目的是激发学生独立思考和探索的能力，注重培养学生的独立思考能力，启发学生发展一系列分析问题和解决问题的思维方式。

（二）注重客观真实，提高学生实践能力

案例教学的主要特点是直观性和真实性，由于课程内容是一个具体的例子，所以它呈现一种形象，一种直观生动的形式，向学生传达一种沉浸感，便于学习和理解。学生根据所学的知识得出自己的结论。学生将在一个或多个具有代表性的典型事件

的基础上，形成完整严谨的思维、分析、讨论、总结方式，提高学生分析问题、解决问题的能力。众所周知，知识不等于技能，知识应该转化为技能。目前，大多数大学生只学习书本知识，忽视了实践技能的培养，这不仅阻碍了自身的发展，也使其将来很难进入职场。案例研究就是为这个目的而诞生和发展的。在校期间，学生可以解决和学习许多实际的社会问题，从理论转向实践，提高学生的实践技能。

高等数学案例教学运用数学知识和数学模型解决实际问题，案例教学法在高等数学教学中的应用，充分发挥了学生的主观能动性，能有效地将现实生活与高等数学知识结合起来，从而使学生在学习过程中获得更好的学习效果，提高高等数学教学质量。案例教学可以创设学习情境，激发学生学习数学的兴趣，提高学生的实践能力和综合能力，促进学生的创新思维，实现新时期培养创新人才的目标。

第二节　素质教育与高等数学教学方法

"在人才培养过程中着力推进素质教育，培养全面发展的优秀人才和杰出人才，关键要深化课程与教学改革，创新教学观念、教学内容、教学方法，着力提高学生的学习能力、实践能力、创新能力。"这些话的实质就是强调将单一的应试教育教学目标转变为素质教育开放多元的教学目标，以提高学生的创新实践能力。高等数学作为普通高等院校的一门基础必修课程，其在课程体系中占有非常特殊而重要的地位，它所提供的数学思想、数学方法、理论知识不仅是学生学习后继课程的重要工具，也是培养学生创造能力的重要途径。这就要求高等数学教学也要更新教育观念，改革教育方法，突破传统高等数学教学模式的束缚，适应现代素质教育的要求，从而培养出具有高数学素质的卓越人才。

一、改革传统的讲授法，探索适应素质教育需要的新内容和新形式

由于各方面原因的存在，目前高等数学课堂教学仍采用"灌输式"的传统讲授教学方法，课堂上以教师的讲解为主，主要讲概念、定理、性质、例题、习题等内容，而以学生的学习为辅，跟随教师抄笔记、套公式、背习题、考笔记。从而，学生在教学活动中的主体地位被忽视，被动地接受教师讲授的内容，完全失去了学习的积极性和主动性，无法培养学生的创新思维和创新能力，与素质教育的目标背道而驰。但由于高等数学的知识大多是一些比较抽象难懂的内容，学生的学习难度较大，学

生对高等数学的基础理论的把握以及对基本概念定理的理解离不开教师的讲解，因此讲授式的教学方法，在我们的教学实践中起着相当重要的作用，这就要求我们肯定讲授式的教学方法在高等数学教学中的应用，并对其进行必要的革新，使其符合素质教育培养目标的需要。

（一）优化教学内容，制定合理的教学大纲，为讲授法提供科学的理论体系

高等数学是高校工科类专业学生学习的一门公共基础课程，根据生源情况及各专业学生学习的实际需求，在保持内容全面的同时，优化教学内容，对其进行适当的选择和精简，制定了符合各工科类专业需求的科学合理的教学大纲，并建立了符合素质教育要求的高等数学课程体系，力求使学生充分理解和系统掌握高等数学的基本理论及其应用。为此，我们将高等数学分为四类，即高等数学 A 类、高等数学 B 类、高等数学 C 类和高等数学 D 类。其总学时数分别为 90 学时、80 学时、72 学时和 70 学时，教学内容的侧重点各不相同，如此制定的教学大纲适应高等教育发展的新形势，适合高校教学实际情况，有利于提高学生的数学素质，培养学生独立的数学思维能力。

（二）运用通俗易懂的数学语言来讲授相对抽象的数学概念、定理和性质

教学过程中，学生学习高等数学的最大障碍就是对高等数学兴趣的弱化。开始学习高等数学时，大部分学生都以积极热情的态度来认真学习，但在学习的过程中，当遇到相对抽象的数学概念、定理和性质时，就会失去热情，产生挫折感，甚至有少部分学生因而丧失学习高等数学的兴趣。因此，为了激发学生学习高等数学的兴趣，我们可以把抽象的理论用通俗易懂的语言表述出来，将复杂的问题进行简单的分析，这样学生理解起来就相对容易一些，从而使讲授法获得更好的效果。

（三）利用现代化的教学手段，创新讲授法的形式

长久以来，高等数学的教学过程一直都是"黑板＋粉笔"的单一的教师讲授方式，这种教学方法使学生产生一种错觉，认为高等数学是一门枯燥乏味、抽象难懂，与现实联系不紧的无关紧要的学科，致使学生不喜欢高等数学，丧失了对数学的学习兴趣。那么如何才能培养学生的学习兴趣，提高学生的数学文化素养，进而提高教学质量呢？这就需要我们在不改变授课内容的前提下，运用现代化的教学手段，以多媒体教室为载体，实现现代教育技术与高等数学教学内容的有机结合，使学生获得综合感知，摆脱枯燥的课本说教，使课堂教学变得生动形象、易于接受，进而提高学生学习的主动性。

二、运用实例教学缩短高等数学理论教学与实践教学的距离

讲授法作为高等数学教学的主要方式，有其合理性和必要性。但是讲授法也有一定的弊端，容易造成理论和实践的脱节。因此，在强调讲授法的同时，必须辅以其他教学方法来弥补其不足，以适应素质教育对高等数学人才培养目标的需要，而实例教学法就是比较理想的选择。

（一）实例教学法的基本内涵及特点

所谓实例教学法就是在教学过程中以实例为教学内容，对实例所提出的问题进行分析假设，启发学生对问题进行认真思考，并运用所学知识做出判断，进而得到答案的一种理论联系实际的教学方法。

与传统的讲授法相比，实例教学法具有自己的特点。实例教学法是一种启发、引导式的教学方法，改变了学生被动地接受教师所讲内容的状况，将知识的传播与能力培养有机地结合起来。实例教学法可以将抽象的数学理论应用到实际问题中，学生可以充分地认识到这些知识在现实生活中的运用，从而深刻理解其含义并牢固地掌握其内容。激发学生的学习兴趣，活跃课堂气氛，培养学生的创造能力和独立自主解决实际问题的能力，是一种帮助学生掌握和理解抽象理论知识的有效方法。

（二）实例教学法在高等数学教学中的应用及分析

实例教学法融入高等数学教学中的一个有效方法是在教学过程中引入与教学内容相关的简单的数学实例，这些数学实例可以来自实际生活的不同领域，通过解决这些具体问题，不仅能够让学生掌握数学理论，而且能够提高学生学习数学的兴趣和信心。

下面我们通过一个简单的实例说明如何把实例教学融入高等数学的教学之中。

实例函数的最大值最小值与房屋出租获最大收入问题。函数的最大值最小值理论的学习是比较简单的，学生也很容易理解和掌握，但它的思想和方法在现实生活中却有着广泛的应用。例如，光线传播的最短路径问题、工厂的最大利润问题、用料最省问题以及房屋出租获得最大收入问题等等。

我们在讲到这一部分内容时，可以给出学生一个具体实例。例如，一房地产公司有 50 套公寓要出租，当月租金定为 1000 元时，公寓会全部租出去，当月租金每增加 50 元时，就会多一套公寓租不出去，而租出去的公寓每月需花费 100 元的维修费，试问房租定为多少可以获得最大收入？此问题贴近我们学生的生活，能够激发学生的学习兴趣，调动学生解决问题的积极性和培养学生独立创新的能力。在教学过程中，我们首先给出学生启发和暗示，然后由学生自己来解决问题。此时学生对

解决问题的积极性很高，大家在一起讨论，想办法，查资料，不但出色地解决了问题，找到了答案，而且在这一系列的活动中，学生对所学的知识有了更深入的理解和掌握，得到了事半功倍的教学效果。可见，实例教学法在高等数学的教学中起到了举足轻重的作用。

结合素质教育的要求和高校大学生对学习高等数学的实际需要，通过多种教学方法的综合运用，多方面培养学生数学的理论水平和实践创新能力，学生的数学素养和运用数学知识解决实际问题的能力得到整体提高，进而为国家培养出更加优秀的复合型人才。

第三节　职业教育与高等数学教学方法

高等数学在工科的教学中有很重要的地位，然而大部分针对高职学生的高等数学教材主要还是理论性的内容，和社会生活联系并不多。非专业的学生不愿意学习高等数学，这一点比较普遍，要改变这个现状需要高等数学教师对教学内容和教学方法进行变革，从而提高教学质量。

笔者在一所职业大学从事高等数学的教学，在教学中笔者发现职业大学的学生数学水平参差不齐，部分学生可以说是零基础，学生主观上对高等数学有畏学情绪，客观上高等数学难度较大需要更严密的思维，因此在职业大学里高等数学是一门比较难教的课程。数学是所有自然科学的基础课程，是一门既抽象又复杂的学科，它培养人的逻辑思维能力，形成理性的思维模式，在工作、生活中的作用不可或缺，所以任何一名学生都不能不重视数学。作为高等数学的教师，必须迎难而上，提高学生的学习兴趣，充分地调动学生学习数学的积极性，同时适当调整学习内容、丰富教学方法。

一、根据专业调整教学内容

职业大学学生学习高等数学绝大多数不会从事专业的数学研究，主要是为学习其他专业课程打基础并培养逻辑思维能力，因此比较复杂的计算技巧和高深的数学知识对于他们未来的工作作用并不明显。而现在职业大学高等数学教材针对性不强，所以教师需要根据学生专业的情况对教材进行取舍。对于机电专业的专科学生来说高等数学中的微分、积分以及级数会在专业课程中得到应用，像微分方程这类在专业课中并不涉及的知识点可以省略；专业课中数学计算难度要求并不高，较复杂的计算也可以省略；另外在教学过程中必须重视学生逻辑思维能力的训练，可以结合数学题目的求解给学生介绍常用的数学方法、数学的思维方式，以提高学生的抽象推理能力。

二、提高学生的学习兴趣

兴趣是最好的教师，数学又是美妙的，但是数学学习往往是枯燥的，学生很难体会到这种美妙。如何提高学生对高等数学的兴趣是授课教师需要思考的问题。笔者在教学中为了让教学更加生动，加入了一些生活中的数学应用。比如，为什么人们能精确预测几十年后的日食，却没法精确预测明天的天气；为什么人们可以通过 https 安全地浏览网页而不会被监听；为什么全球变暖的速度超过一个界限就变得不可逆了；为什么把文件压缩成 zip 体积会减少很多，而 mp3 文件压缩成 zip 大小却几乎不变；民生统计指标到底应该采用平均数还是中位数；当人们说两种乐器声音的音高相同而音色不同的时候到底是什么意思……在这些例子中数学是有趣的，体现了基础、重要、深刻、美妙的数学。

三、培养学生自我学习能力

"授人以鱼不如授人以渔"，单纯教会学生某一道题目的计算不如使学生掌握解题的方法。因此讲解题目时可以结合方法论：开始解一道题的时候我会告诉学生这就和解决任何一个实际问题一样，首先从要观察的事物开始，把数学题目观察清楚；接下来就需要分析事物，搞清楚题目的特点、有什么样的函数性质、证明的条件和结论会有什么样的联系，根据计算情况准备相应的定理和公式；最后就是解决问题，结合掌握的计算和推理技巧完成题目的求解。通过这样的讲解和必要的练习，学生完成的不再是一道道独立的数学题目，实现的是方法论的应用，也是更清晰的逻辑思维的训练，有助于提高学生的自我学习能力。"教是为了不教"，掌握解题方法，有自学能力，以后工作中碰到实际问题也能迎刃而解。

四、重视逻辑思维的训练

不管是工作还是生活中人们都会遇到数学问题，如果没有逻辑思维只是表面理解就有可能陷入"数学陷阱"。在教学中笔者常常举这样一个例子：有个婴儿吃了某款奶粉后突发急病死亡，而奶粉厂却高调坚称奶粉没有问题，你是否有股对这个黑心奶粉厂口诛笔伐并将之搞垮的冲动呢？且慢，不妨先做道算术题：假设该奶粉对婴儿有万分之一的致死率，同时有 100 万婴儿使用这款奶粉，那就应该有约 100 名孩子中招，但事实上使用该奶粉后死亡的婴儿却远远没有 100 个。再假设只有这个婴儿真的是被该奶粉毒死的，那该奶粉的致死率就会低至百万分之一。再估计一个数据，一个婴儿因奶粉之外的疾病、护理不当等原因而夭折的概率有多少？鉴于现在的医学进步，给出个超低的万分之一的数据，基于以上的算术分析，答案已经揭晓了，即此婴儿死于奶粉原因的概率，是死于非奶粉概率的1/100，若不做深入的调查研究，仅靠吃完奶粉后死亡这个时间先后关系，来推理出孩子是被奶粉毒死的这个因果关系，从而将矛头指向奶粉厂，那就有约99%的可能性犯了错，因此要找到更多的证据。这是现实问题的概率学计算，在数学的教学中可以加入一些社会争议性的话题，用数学的方法和思想加以分析揭开事件的真相，学生的逻辑思维会在其中逐步提高。

受教育是一种刚需，高等数学教育是不可缺少的，然而教学内容和教学手段不应墨守成规，要根据社会和学生的需求有所改变。大学基础数学教育所应该达成的任务是让一个人能够在非专业的前提下最大限度地掌握真正有用的现代数学知识，了解数学家的工作怎样在各个层面和社会产生互动，以及社会在这个领域的投资得到了怎样的回报。

第四节 基于创业视角的高等数学教学方法

创业教育在教育体系中具有重要作用，能够有效促进大学生全面发展。而高数作为专业基础课程，对学生后期专业学习发展具有促进作用，能够在一定程度上培养学生的创新能力和创新精神，为培养创业人才打好基础。

随着教育环境不断变化，教育方式越来越多样化，且逐渐融入不同高校，并相应地取得一定成果。其中，创业教育影响力较高，以培养学生创业基本素养以及开创个性人才为重点，以培育创业意识、创新能力以及创新精神为主要目的。高数属于基础课程，重点以培养学生发现、思考和解决问题的能力。在创业背景下，加强高数教育改革，不断提高大学人才培养，将就业专业过渡为创业教育可有效促进高校教学改革，进而提高大学创新人才培养。

一、基于创业视角下高数教学存在的问题

高数作为专业基础课程应用较为广泛，可为后续专业课程扎实基础。但因高数知识点较为固定，概念比较抽象，计算尤其复杂，且实际生活中实用性较低，进而降低学生学习兴趣。此外，受传统教学影响，多数教师仍以讲授法为主，教学效果无法满足预定目标，对学生学习效率造成影响。

因多数学生高中阶段以题海战术为主，步入大学校园后，仍对数学学科的抽象概念无法理解，且因数学学科较枯燥，多数学生对于数学学科兴趣较低。而高数主要包含微积分、函数极限等，较为乏味。多数学生认为，高数与实际应用毫无联系，在实际生活中应用较低。学生长时间保持此观念，易对高数产生厌学情绪，进而影响学习积极性和学习效率。

现阶段，高数教学方法以讲授法为主，就是指任课教师对教材重点进行系统化讲解，并分析讨论疑难点，而学生则重点以练、听为主。该类教学模式重点以教师为主，全局把控教学内容以及教学进度。但由于高数课程相对复杂，且知识点具有抽象性以及枯燥性，若学生仅以听、练为主，易使多数学生无法理解，长期如此会使教学课堂气氛比较沉闷，学生对高数兴趣逐渐降低，进而影响教学效果。

目前，多数院校高数教学以课件教学为主，一定程度上导致讲授内容过于形式化。加之，大部分课件在制作时，工作较为烦琐，要具备较高的计算机操作能力和构思能力，而多数教师在课件制作时，为了提高工作效率，多是照搬教材。同时，由于教学内容相对较多，而课时较少，多数教师为了赶教学进度，急于讲课，课件翻页速度较快，导致多数学生无法充分理解便进入其他知识点，从而产生消极、懈怠状态，影响教学效率和教学质量。

二、创业视角下高数教学方法探讨

在创业视角下，高数教学主要目的是不断培养、提高学生创新实践能力以及创新精神，培养学生的创业意识、创业实践能力，改变传统教学模式，重点以学生为中心，根据学生各方面素质采取创业性教学，积极指引学生通过创新性、创业型模式提高高数学习效率，使高数教学具有创新性以及创业性，有效提高高数教学发展。

（一）教学设计

课程设置对学生的意识层面有基础性的影响作用，想要培育出创业型的人才就应该重视课程在学生精神方面的重要作用，着力于培养创业型人才。

（1）一年级设置"创业启蒙"课程。一年级的课程在学生的学习生涯中具有重要的意义，对学生后期的兴趣走向、选择方向具有重要的引导作用，因此要培养创业型的人才就应该从一年级的课程抓起，将目标设置为培养学生具有创业者的创业意识和创业精神。课程可以根据蒂蒙斯创业教育课程的设置理念进行设置，既要注意学科知识的基础性、系统性，也不能忽视学生人文精神的培养。按照蒂蒙斯创业教育的理念，这一阶段的课程设置应该主要是通过对学生进行创业意识的熏陶，培养学生具有创业者的品质。课程设置方面可以设置为《创业基础精品课程》《数学行业深度解读课程》《高等数学的创业之路》等课程，培养学生有一种创业的印象，在熏陶下培养创业意识。

（2）二年级设置"创业引导"课程。二年级是一年级课程的延伸，学生经过一年级的熏陶已经有了大概的创业意识、高等数学也能创业的印象、高等数学的创业方法。按照蒂蒙斯的观念，在这一阶段应该将课程设置为"引导"课程，即将如何寻找商业机会、高等数学的创业资源、战略计划等融入课程中，让学生在接受高等数学的课程教学时还能潜移默化地接受相关的创业知识，引导学生树立创业精神。

（3）三年级设置"创业实战"课程。三年级的课程是学生最后一年的课程，在学生的学习生涯中具有重要的作用，这时的学生经过一、二年级的熏陶、引导，已经有了足够的创业的准备，其课程设置应该以为学生提供创业的模拟、创业实战教学为主。在这个阶段，根据蒂蒙斯的观点，应该着重让学生多进行创业的自我体验，依托各专业创业工作室，让学生体会高等数学创业的实际情况，以特色项目为载体虚拟创业实践，培养学生的创业能力。

（二）课堂教学

（1）问题情境教学。创业性教学重要渠道在于对学生创新能力、创业能力予以培养，创新精神在创业精神中具有重要的作用，对于发现创业机会、创建创业模式具有重要的作用，因此应该重视对学生创新性精神的培养。据有关学者阐述，及时发现问题、系统阐述问题相比于解答问题重要性更高。解答问题仅局限于数学、实验技能问题，但是提出新问题以及新的可能性，需要从新的角度进行思考，并且要具有创造性想象。高数属于初等数学扩展以及延伸，其核心部分是问题，而数学问题主要就是将生活中的问题逐渐转变为数学问题。同时，高数教学目标是对学生进行分析问题以及解决问题能力的培养，在此条件下，学生能够提出问题，并且培养创新能力。因此，实际课堂教学中，任课教师应该以问题情境法予以教学，抛出问题，积极引导学生思考、解决问题，大胆创新并及时发现、解决问题，使其在解决问题中能够收获新知识。对学生进行启发式教学，能够步步引导、启发，让学生主动思考，获得新知，进而感受数学学习的快乐。启发式教学能够有效扩展学生思维，激发学生学习积极性，对学生创新能力发展具有提高作用。相比于传统灌输式教学而言，启发式教学可有效体现学生主体地位，充分调动学习积极性，逐渐使学生从被动转变为主动，不仅能提高学生的学习效率，又能培养学生的创新能力。

（2）高数教学和实例有机结合。因多数高校高数教学以任课教师授课为重点，知识比较枯燥，将实例案例和课堂教学相结合，能有效激发学生的学习兴趣和积极性。比如，在多元函数机制和具体算法的课程中，可实行实践课程，以创业、极值为课程题目，让学生根据课堂所学知识，对创业中出现的极值问题进行模拟研究。此外，通过小组的形式，让组员通过社交软件对创业项目细节进行讨论，并用于阐述自身观点和意见，最终选取适宜课题，借助实地调查等形式，根据查阅资料实行项目研究，并撰写相应论文报告，以展示研究成果。高数教学与创业教育相结合的形式，能够不断激发学生特长和才能，使学生充分认识高数，进而起到培养学生客观、理性分析问题的作用，以激发学生的学习主动性和热情。

（三）实践

将课程设置与创业实践结合起来，在学生有了一定的创业意识和创业能力后学校应该开展相应的实践活动来丰富创业实战课程。通过开展"高等数学创业计划竞赛"等活动，围绕高等数学，让学生进行创业模型探索，模拟创业计划，进行市场分析，组织创业公司等。此外，学校应该重视为学生提供创业平台，为学生搭建创业服务中心、在产业园组成创业实践基地等。

创业教育在社会发展中尤其重要，属于社会发展需求，能够有效推动人、社会的发展，而大学生作为社会特殊群体，其创业教育能够有效推动学生全面发展，为大学生创业提供基础。高数作为专业基础课程，能够一定程度上为学生后续学习提供基础性支持，对教育体系具有重要意义。因此，高校教育者要提高对高数教学的重视程度，不断加深学生认知，同时，将创业教育、高数教学有机结合，便于为社会培养高质量、创新型人才。

第五节　高等数学中微积分教学方法

对很多学生而言，微积分非常深奥，让他们百思不得其解。这就需要我们教师改革教学方法，提升学生的学习兴趣。本节先分析微积分的发展与特点，接着研究高等数学中微积分教学的现状及存在的问题，最后提出改善微积分教学的方法。

在高等数学中，微积分是不可或缺的教学内容之一，微积分与我们的现实生活息息相关，其中的很多知识已经被广泛应用到经济学、化学、生物学等领域，促进了科学技术的迅猛发展。

一、微积分概述

从某个角度而言，微积分的发展见证了人类社会对大自然的认知过程，早在17世纪，就有人开始对微积分展开研究，诸如运动物体的速度、函数的极值、曲线的切线等问题一直困扰着当时的学者。在此情况下，微积分学说应运而生，这是由英国科学家牛顿和德国数学家莱布尼茨提出来的，具有里程碑式的意义。19世纪初，柯西等法国科学家经过长期探索，在微积分学说的基础上提出了极限理论，使微积分理论更加充实。可以看出，微积分的诞生是基于人们解决问题的需要，是将感性认识上升为理性认识的过程。

如今，高等数学中已经引入了微积分的内容，主要包括计算加速度、曲线斜率、函数等内容。学生掌握好微积分的内容，对他们形成数学思想和核心素养有着广泛而深远的意义。

二、高等数学中微积分教学的现状

微积分教学对学生的抽象逻辑思维提出了很高的要求。教师要根据学生的学习心理组织教学，方能收到事半功倍的教学效果，但微积分教学现状并不尽如人意，直接影响了教学质量的有效提升。其中存在的问题具体体现在以下几点：

（一）教学内容缺少针对性

在高校中，微积分教学是很多专业教学的重要基础，学好微积分，能为学生的专业学习奠定基础，这就需要教师在微积分教学中，结合学生的具体专业安排教学内容，这样可以使学生感受到微积分学习的意义与价值。但是很多教师忽视了这一点，教师在所有专业中安排的微积分教学内容都是千篇一律的，很多时候，学生学到的微积分知识是无用的，影响了教学目标的顺利完成。

（二）教学过程理论化

微积分的知识具有很大的抽象性，对学生的逻辑思维提出了很高的要求。很多学生对微积分学习存在畏惧心理，这就需要教师在教学过程中灵活应用教学方法，提升学生的学习兴趣。但从目前来看，很多教师组织微积分教学活动时，经常采取"满堂灌""一言堂"的传统教学法，教学过程侧重理论性，教师只是将微积分的计算方法灌输给学生，没有考虑到学生的学习基础，导致学生积累的问题越来越多，最后索性放弃这门课程的学习。

（三）教学评价不完善

一直以来，教师对学生掌握微积分的情况，都是通过一张试卷来检验，以分数来考查学生的学习能力。这样的教学评价方式显得过于单一，试卷的考查方式仅能从某个角度反映学生的理论学习水平，无法判断学生的学习情感和学习态度等要素。这种教学评价方式不够合理，迫切需要改革。

四、高等数学中微积分教学方法的改革建议和对策

（一）改革教学内容

教学内容是开展课堂教学的重要载体。我们都知道微积分课程的知识体系比较庞大、知识点比较多，很多时候对学生的学习能力提出了严峻的挑战，所以我们教师在课堂教学中要为学生精选教学内容，结合学生的专业性质，按照当今科学技术发展水平选择合适的教学内容。目前，我们已经进入了信息技术时代，计算机软件已经得到了广泛应用，所以在教学过程中可以淡化极限、导数等运算技巧的教授，注重为学生介绍数学原理和数学背景，比如"极限"概念为什么要用"ε-δ"语言阐述？"微元法"的本质意义在哪里？诸如此类的问题，可以调动学生的好奇心。教师要用通俗易懂的语言为学生解释这类问题的背景，使学生更好地学习数学概念，降低他们的学习难度。对微积分中的定理证明，要强调分析过程，师生一起挖掘定理的诞生过程，而不是一味强调逻辑推理的严密性，否则会增强学生的思想负担。另外，教师也可以利用几何直观法来说明数学结论的正确性，教师安排学生探索定积分基本性质的证明，让学生借助几何直观图来证明设想，这样可以培养学生的创新思维，使他们感受到自主探索的趣味性和成就感。

另外，在教授微积分基本概念时，教师要注重微积分知识的应用，为学生介绍一些合适的数学建模方法，使学生畅游在数学世界中，感受微积分的实用价值。总之，教师要结合学生的实际情况安排教学内容，这样才能事半功倍地完成教学目标。

（二）灵活应用教学方法

正所谓"教学无法、贵在得法"，高等数学中微积分教学的方法有很多，关键是教师要灵活应用，根据教学目标和教学内容选择合适的教学方法，案例式教学法、启发式教学法、问题式教学法都可以拿来应用。我们已经进入信息技术时代，多媒体技术已经渗透到教育领域，笔者认为，在微积分教学中应用图像化、数字化等教学手段比较可行。所谓图像化教学，就是在教学过程中利用计算机合理设计数学图形，帮助学生更好地理解教学内容。事实上，我国古代数学家刘徽早就提出了"解体用图"的思想，即利用图形的分、合、移等方法对数学原理进行解释。事实证明，利用图像化教学，可以化抽象为具体，符合学生以具体形象思维为主的特点。教师在教学过程中要重视这种教学方法的应用，帮助学生提升空间思维能力。

微积分中有很多内容适合使用这种教学方法，比如函数微分的几何意义、积分概念和性质的论述等，都离不开图形的辅助。迅速绘制所求积分的积分区域是一个基础步骤，我们可以借助计算机完成这样的操作。笔者在教学过程中一直有意识地

引入计算机教学，使微积分的教学内容变得动态化和数字化，比如在讲解"泰勒定理"时，笔者利用计算机直接给出一些具体函数的图像以及此函数在某一点的 n 阶展开式的图像，并让学生进行比较。有了计算机的辅助，学生可以清晰明了地看到在 0 点附近，随后展开阶数的增加，展开式的图像更接近函数的图像。

除了计算机教学法，我们还可以引入讨论式教学法。学生的个性各有不同，他们对微积分学习也有各自的理解，教师可以将学生分为几个小组，让他们根据某道微积分题目进行讨论，学生在讨论过程中会发生思维的膨胀，每个人都发表见解，问题在无形中就得到了解决。比如，在讲授"对称区域上的二重积分的计算"这部分内容时，笔者为学生安排的问题是"奇偶函数在对称区间上的定积分有什么特性？怎样证明？"笔者让学生以小组为单位，针对这个问题进行自由讨论，学生纷纷开动脑筋，挖掘知识的本质，找到解决问题的答案。这样的教学过程还能在潜移默化中培养学生的合作精神。

（三）优化教学评价

学生的学习过程是一个自我体验的过程，每个学生都有自己的个性，他们的内心世界丰富多彩，内在感受也不尽相同，所以教师不能用一刀切的方式来评价学生，而应该将过程性评价与终结性评价有机结合在一起，重在对学生的学习过程进行考查和判断。教师要结合学生的实际情况，为学生建立成长档案，因为微积分学习确实有一定的难度，教师要肯定学生的进步，给予学生及时的表扬，以此激发学生的学习成就感。教师可以将学生的出勤、回答问题的表现都纳入评价范围中，考查学生掌握基础知识的情况，还可以给学生提供一些数学建模题，考查学生利用理论知识解决实际问题的能力。除了教师评价，还要加入学生自评和学生互评的做法，让学生评价自己学习微积分的能力、情况与困惑，这样可以让学生更好地定位自我，发现自己在学习中存在的问题，进而查缺补漏，更有针对性地学习微积分。

课堂教学是一门综合性艺术，高等数学中的微积分教学具有一定的难度，知识比较深奥，教师要想让学生学好这部分内容，必须灵活应用教学方法，重视教学评价，使学生能不断总结、不断完善，并学会用微积分知识解决现实中的问题，让学生为未来的后继学习奠定扎实的基础。

第五章　高等数学教育教学建设

随着社会经济的飞速发展，数学科学在现实生活和科技进步中的应用越来越广泛，与自然科学、社会科学并列为三大基础科学。作为当前数学教育研究的热点之一，数学素养教育问题受到国际数学教育研究的广泛关注。但是，当前高校"高等数学"的教学效果不尽如人意，教与学过程中普遍存在"重理论轻实践、重知识轻思想、重结果轻过程、重成绩轻能力"的现象，甚至变成一种空洞的解题训练过程，而忽视了数学的应用以及与其他领域的联系，这种剥离了高等数学基本概念、基本原理和应用范例的社会背景与现实意义，抽象的教学内容不利于与后续专业课程的衔接，从而造成学生"背数学""学不会，用不了"的尴尬局面。可见，在正确的素养教育观念下，探索"高等数学"教育教学改革创新问题具有重要的现实意义。

第一节　"高等数学"课程建设

根据教育部有关精品课程建设的文件精神，精品课程是具有一流教师队伍、一流教学内容、一流教学方法、一流书籍、一流教学管理等特点的示范性课程。根据精品课程要求，高校教师在"高等数学"课程的建设过程中进行了一系列探索，对提高教学质量发挥了重要作用。

一、"高等数学"课程建设探索

在"高等数学"课程建设中采取措施，有效提高了教师教学能力和教学水平，教学内容、教学方法和手段更加适应实现人才培养目标的要求，并有效调动了学生学习的积极性和主动性，进一步提高了高等数学课程的教学质量。

（一）师资团队建设

为了全面提高"高等数学"课程的师资水平，保障教学质量不断提高，特别加强了对青年教师的培养。

1. 对青年教师实行导师制。即为每个青年教师指定一位导师，进行"一对一"指导和培养，做到评帮和指导不间断。同时，组织教师之间互相听课，加强教师与学生的沟通，多渠道多方面了解自身的教学水平。

2. 积极为青年教师创造更多的培训学习机会，鼓励青年教师参加多媒体技术和数学实验培训等活动，提高教师的业务水平。

3. 鼓励青年教师开设其他数学选修课及特色讲座，增加教学实践机会，同时支持青年教师走出去，多参加高等数学研讨会、年会等。

（二）书籍建设

教学大纲方面，为了更加适应办学定位、人才培养目标和生源情况，在原有本科微积分理论教学大纲的基础上进行了必要的补充和修订，在内容上更加全面、细化、深化。例如，在教学过程中增加部分例题与习题的难度，同时在教学过程中也加入一定数量的证明题，通过此方法满足部分考研学生的需要。

在教学内容上，本着"以应用为目的，以必须够用为度"的原则，对书籍内容进行优化。首先，根据各专业的不同需要，对与各专业的应用相关的内容，进行重点调整，保障了教学内容的与时俱进。其次，对书籍内容进行适当的整合，对教学内容顺序进行调整，更加注重应用。目前，针对实际情况，教研室已开始编写主要面向经济、金融、管理等本科专业的《高等数学》书籍。

（三）教学改革

1. 改革教学方法

（1）强化案例教学。把与专业背景联系较为紧密的经济应用案例引入教学中，把数学建模的思想融入教学中，教师在讲授数学理论知识的同时，加强对学生应用数学方法解决经济学中具体问题能力的培养。在介绍理论知识后，适当引入经济问题中的实例，结合数学思想和方法给出解释，开阔学生视野。

（2）根据不同的教学环节，灵活运用不同的教学方法，并把这些方法贯穿到编制的电子教案和多媒体课件中。例如，在讲授新知识时，采用系统教学法；在章节总结教学时，采用技能教学法；突破重点、难点教学时，采用心理障碍排除法；对学生进行思维训练时，采用设问情境法；用于习题课教学时，采用参与教学法。

（3）双向互动，激发学生的学习兴趣。比如，部分教学内容可以让学生自讲或讨论，教师利用较少的时间进行归纳总结及点评，既节省了教学时又调动了学生学习的主观能动性。另外，灵活使用考核手段，打破单一的闭卷考试考核方式，逐步形成闭卷"教考分离"、小测验、小论文相结合的考核形式，使学生既注重学习知识又注重创新思维的培养，把着力点放在提高能力上。

2. 积极推进教学手段现代化

（1）全面运用多媒体教学技术。将传统的数学方法与多媒体教学相结合，使传统教学方法中不能直观表示的抽象概念、定理、图形等内容通过多媒体生动地表现出来，使学生容易理解和掌握，既调动和激发了学生的学习积极性，又提高了学生的学习兴趣。课后充分利用教学网络平台，在补充课堂教学的同时，加强了与学生的互动交流。

（2）建设课程网络平台。目前已创建了高等数学精品课程网站。基于这个网络平台，建立高等数学教学辅助资料库，包括高等数学的课程教案、多媒体课件、教学大纲、教学授课计划、教学录像、在线题库等与课程相关内容。同时，增设课程特色、考研真题、数学天地等课外内容。通过网络平台，实现优质教学资源的共享，学生通过上网学习，不仅可以学到该课程的教学内容，还可以学到其他相关的数学文化方面的内容。在此基础上，不断丰富网络资源，增加互动功能，开设在线答疑系统，给师生交流搭建良好的平台，以及时总结、反馈。

二、"高等数学"精品课程建设

高等数学在不同学科和不同专业领域中所具有的通用性和基础性，使其在高等院校的课程体系中占有非常重要的地位。但在新时代下出现了新的问题和挑战。根据高等院校教育的特点及教育部关于"国家精品课程建设"的要求，就高等数学精品课程建设的实践中存在的主要问题给予分析并提出一些相应的建议。

在数字化信息技术迅速普及、人类已进入信息时代的今天，在信息全球化、网络化、高新技术化和知识化的新时代，高等数学的教学受到了前所未有的影响。高等数学中的基本理论和解决问题的方法，已经成为当代大学生知识体系中不可缺少的重要组成部分。数学严谨的思维方式和解决问题的科学的分析方法，更是他们走向社会并适应未来社会必备的素质和基本能力之一。但是，我国的高等教育理念由过去的"精英教育"转向了"大众化"；课程设置由过去的"强化专业"转向了"文理渗透"，以"培养学生的全面科学素质和适应社会发展的普遍能力"为主要目标。因此，进行高等数学的精品课程建设，不断提高高等数学课程的教学质量，既是当前高等教育改革中的一件大事，也是教育部进行精品课程建设的重点要求。

（一）高等数学的教学现状和基础定位

大学生的文化基础参差不齐，差异较大，体现在数学基础知识甚至于不同的专业上，不同的学科对数学基础知识的要求也存在较大差异。高等数学课程和书籍本身也存在一些历史沿袭下来的问题，比如，内容显得抽象而陈旧，不如其他课程活泼生动。再者，传统的教学方法是教师唱"独角戏"，是"满堂灌"，忽视了数学的思维方法培养，导致学生受教育过程的被动化，无法调动学生学习、求知的主观能动性，也不利于学生的表达能力、逻辑思维能力的锻炼和培养。

纵观国内外高等教育，大学教育阶段大多数专业都开设高等数学这门课程。考虑到我国高等教育发展的历史和现状，在当前的教育新形势下，高等院校开设高等数学课程不仅仅是为了学习基本的数学知识，还为了提升学生科学文化素养，培养学生良好的思维品质，让学生掌握思考和解决问题的科学的方法和技能，还为了给后继课程的学习提供知识和方法，为学生进一步深造打好必备的基础。

（二）高等数学教学改革的目标要求

以现代教育思想为指导，按照 21 世纪的人才需求，也就明确了高等数学教学改革的目标要求：以不同专业的实际需要来重新构建新形势下的高等数学的教学内容，实现不同人才的培养规格和培养目标；以素质教育和能力培养为目标，将课程建设、科学研究和师资队伍建设结合起来，实现数学思想和数学文化的育人功能以及培养学生应用数学方法和数学思想解决实际问题、进行创新的能力。

（三）高等数学精品课程建设的内容

1. 适应学校的发展，重建课程培养体系

不同的专业性质和培养目标，在拓宽基础、重在应用的前提下，以现代大学生素质教育所需要的数学思想和素养，培养学生的创新能力、分析和解决实际问题的能力为主体要求，根据实际和发展计划。对高等数学课程的设置、结构、书籍体系和教学内容进行认真的研讨，重新修订教学大纲，提出新的高等数学的课程培养计划。

2. 重视书籍建设，开展教学研究活动

书籍既是知识的载体，又是教学大纲的直接体现，是实施教学的必要物质基础。通过几年的探索，根据各个专业的专业知识所需数学知识的不同，在条件允许的情况下，将全校的高等数学书籍进行了分类。教学研究活动是交流教学经验，解决教学难题，促进课堂教学的一项有益的活动。高等数学教研室经常开展教研活动，围绕高等数学书籍、教学内容、教学手段、教学方法以及学生实际情况进行模拟讲课，展开讨论，进行交流总结，这对教学质量的提高大有裨益。

3. 改变传统的教学方法，引进现代教育技术手段

高等数学本身具有严密性和逻辑性，具有高度的概括性和抽象性，在教学过程中，为了使学生在较短的时间内获得大量知识，由教师引导学生集中学习基本理论是行之有效的。在教师教授的基础上，让学生参与进来：安排部分习题，让学生在黑板上做，然后教师给予点评；出适当的思考讨论题，让学生充分展开讨论，集中交流。

这样，既调动了学生学习、求知的主观能动性，也提高了学生的自学能力、逻辑思维能力和综合判断能力。实践证明，传统的教学模式"粉笔＋黑板"对于数学课堂教学来讲，还是十分适用的。所以，高等数学的教学不能像其他学科那样全面地引入多媒体这样的现代化的教学手段，而是合理利用多媒体，传统教学手段与现代教学手段相结合，幻灯片教学与黑板板书相结合，使高等数学课堂变得灵活而生动，提高学生学习高等数学的兴趣。

4.重视调查研究，建立教学监督机制和评价机制

在精品课程建设期间，逐步建立听课制度，学校督导组、院系领导和各教研室组长进行听课，并做记录，课后讨论并及时反馈给任课教师；每学年两次由学生对教师教学进行网上评教和督导专家、同行的评教。这样，通过这些途径给教师打分，对教师的教学态度、教学水平和教学效果等进行整体评价，从而提高教学效率和教学质量。

总之，高等数学精品课程建设内容较多，涉及面较广，是一项复杂的系统工程，需要学校、教师、学生多方面配合，软硬件并举，有计划、有步骤地进行。作为高校教师，要敢于面对新情况和新挑战，充分发挥自己的主观能动性，不断提高教学水平；学校应全面调动师生的积极性，加大改革力度，使高等数学精品课程建设更加完善，促进高等数学的教学工作的整体水平不断提高。

三、"高等数学"课程评价体系建设

"高等数学"课程评价体系建设包括分析建设"高等数学"课程评价体系的原因，提出课程评价应注意的基本原则，给出具体综合的评价方案，并就评价方案进行初步的应用实践，指出方案推广实施的问题和价值。

（一）建设"高等数学"课程评价体系的原因

1.适应"高等数学"课程性质与任务的要求

职业教育具有双重属性，在学历层次上来看是属于高等教育，而在类型方面又属于职业教育，在职业教育的问题上，不能只强调其职业属性，必须要坚持高等教育的教育原则。建立符合新时期高等学生特性的课程评价体系，有利于更好地开展"高等数学"的课程教学工作。

2.高等数学课程教学的问题和现状

作为高等教育的重要组成部分，高等教育在20多年的发展过程中取得了显著的成绩，但是也同样存在着一些问题，例如，扩招和高教的普及，导致高等生源质量大幅度下降。很多高等学生经过高中紧张的应试教育，形成的学习方式和思维方法

都不适应高等教育，缺乏开放性的思考倾向，对知识的深入研究和感悟不多。

3. 高等教育对人才培养提出了更高要求

随着经济社会的飞速发展与进步，社会对人才需求越来越大，也提出了新的要求，要求人才文化素质要高，综合技能要强。面对这一现状，全国各地的高等教育院校（包括高等院校）都在努力转变办校办学模式，探索学校发展的新出路，提升院校的整体竞争能力，提高毕业生的综合能力及文化素质，提高人才培养的质量。

从上面的分析以及现阶段的实际情况来看，学生的学习思维方法，在很大程度上导致了学生学习困难的加大，而"高等数学"课程的学习难度又是众多学科中最难的，这就给学校的教育教学方法带来了很重的负担。从这个角度考虑，必须从高等学生的实际情况出发，研究高等学生的特点，使其掌握高等数学学习能够达到的基本知识和能力目标，以培养高等学生数学情感、数学感知能力、应用数学思想和方法解决现实问题的能力为目标，从树立学生正确积极的学习理念出发，建立一套基于学生学习实际情况的"高等数学"课程评价体系，通过它来找准教学环节存在的问题，并激励学生提高对数学课程的重视程度，不断优化自身的学习模式，提高课堂学习的实际效果。

4. 现行"高等数学"课程评价方式及其造成的问题

现行的"高等数学"课程评价体系基本还是采用传统的期末考试一锤定音的终极考核评价方式，公正性很难保证，可操作性也不强，这种评价方式没有顾及学生的原有基础，不能全面考查学生的学习态度和学习过程，达不到促进学生积极学习的目的，应该对其进行改革，重新制定。

（二）建设"高等数学"课程评价体系的思索

1. 改革评价方法，建立以形成性评价为主的课程评价体系

好的课程评价体系，要能够增强学生学习高等数学的兴趣，促进学生主动学习、独立学习，并能够将学生的学习状况"诊断"出来并反馈给教师。重现改革建立的课程评价体系要实现形成性评价与终极性评价相结合，不再单纯地依赖学期模式的考试成绩评价管理，而是在日常的学生学习环节、课后复习环节、上课记录的笔记、学习心得体会以及课堂回答方面，都赋予一定比例的分值，积极引导学生建立数学学习的立体思维，高等数学知识难度很大，课堂不能掌握的知识内容，在课后要加强学习力度，吃透消化教师在课堂上讲解的内容。课程评价体系中还要包含对学生学习能力和学习态度的考量，虽然这二者都比较抽象，没有具体的量化标准，但在这方面，学校要不断深入探索，不怕试错，在反复比较研究的基础上，建立相对合理的评价指标体系。

2. 课程评价体系建立的原则

（1）评价内容要系统化。高等数学内容纷杂，需要进行评价的知识更是很多，如果没有一套比较科学的评价技术手段，评价工作的难度则会加大。所以，评价体系要进行不断优化，用系统化的评价方法，沿着学生学习数学知识的思维模式，从其预习到课上学习再到课后巩固，每一个环节都要建立合理的评价模式和评价标准，这样既不会遗漏任何学习环节，又可以提高评价效率。评价的内容变得更加立体化，不仅包含成绩的考核，也包含学习情感的变化等。

（2）评价主体要多元化。在评价主体的选择方面，要改变以往传统的教师为主的局面，因为高等数学的教学更多是师生之间的相互配合，因此，在评价主体方面，要增加学生的比例，可以按照宿舍来划分，一个宿舍可以给一个评价人，并且确保学生评价负责人分布的合理性，同时更加注重优秀榜样的激励作用，鼓励学生们将身边优秀同学的良好学习精神和学习方法向大家介绍，让学生在相互借鉴中共同提高进步。

（3）评价方式要多样化，融入人文关怀。在过程评价体系中，根据不同的评价内容与对象，采用多样化的评价方式，如采用阶段测试、期末考试、作业评价、小组讨论、个人学习总结、课堂提问测试、课外谈话交流、个人学习成长记录等都可作为考核评价的方式。同时要注意，在评价的过程中，要注意和考虑学生们的情绪，融入更多的人文关怀，让学生们主动接受评价，并愿意受评价的监督和激励。

（4）评价标准要合理化。评价标准要经常修正，在学生不同的学习阶段，其侧重点也会有所不同，这就需要不断调整和优化评价的标准。高等数学知识的学习，遵循一定的规律，同样，教学评价标准，也要尊重学生的学习规律，让更多的学生接受它。在评价标准上，不要使用绝对的等级评价标准，相关分数的设定，要考虑全面，不要使用"优等生""差生"等评价标签。

（三）建设"高等数学"课程评价体系的实施方案

"高等数学"课程评价体系，应建立以过程性评价为重要内容的课程评价体系，兼顾学生的学习结果和学习过程，综合考虑学生的基础和能力实际，结合"高等数学"课程目标和人才培养标准，以及专业实际需要，合理构建"高等数学"课程评价体系框架，确定评价项目的内容、难度及其权重。具体可按以下的方案加以实施。

1. 基础知识与能力的考核（占总分权重的 50%）

基础知识与应用能力的考核，以应试笔试的形式进行，主要考查学生对基础知识的掌握程度，考生可以带课堂笔记参加考试，试题涉及的知识点、难易程度在教师授课时要给学生明确指出，学生把这些知识点作为日常学习和复习的重点。

2.学习过程的考核细则（占总分权重的 50%）

对学习过程中的各环节进行考核评价，称为平时成绩。

（1）课堂纪律（20 分）。课堂学习是数学学习的重要环节，所以对上课纪律要严格要求，对迟到、早退、玩手机、睡觉、做与数学学习无关事情的违纪行为进行考查，有利于培养学生的纪律观念和促进学习。

（2）课堂学习参与度和学习效果（20 分）。平时课堂或自习时间安排数学知识考查、课堂小测验、阶段考试，课堂积极参与互动，积极探讨、回答问题，主动演算题目等，作为课堂学习效果评价的重要内容。

（3）小组讨论学习课学生互评成绩（20 分）。根据课程内容的差别，把一个学期的数学课程分为多个教学阶段，每个教学阶段最后的时候都要有一堂讨论总结课，对这一个教学阶段内的知识点、重点、难点进行总结，教师还要准备一些问题组织学生进行讨论。

（4）课后作业（10 分）。学生必须要按时完成作业，书写认真，错误少和及时纠错改错。

（5）自主学习记录（20 分）。敦促学生要养成良好的学习习惯，学生上课时要认真做课堂笔记，积极提问，积极参与问题讨论，记录自己的学习心得，认真做阶段学习总结。

（6）学生自评成绩（10 分）。学生还要对自己的学习情况进行打分，包括学习态度、学习效果等。

（7）学习贡献加分。如果是该同学学习态度好，给其他同学的帮助比较大，数学思维具有创造性等，给予特别加分。

（四）对本评价体系应用的前景展望

该评价体系是关于学生数学知识、技能和数学学习过程的综合考核，对于大班教学在操作性方面存在一些问题，但该问题可以通过发挥学生干部在学习过程中的管理作用得到较好解决。该评价体系在其他课程成绩评价中也有借鉴意义。

四、高等数学网络课程的建设

依托校园网络平台建设网络课程，不断推进网络化教学，是保证和提高大学数学教学质量的有效途径。高等数学是高等院校中至关重要的基础课程，对培养和造就具有创新精神和创新能力的人才发挥着重要作用。随着计算机技术和网络技术的普及，信息化教学已成为高等学校改革的重点。使用现代信息技术，依托校园网络平台建设网络课程，不断推进网络化教学，是保证和提高大学数学教学质量的有效途径。

目前,为了推进网络化教学的应用,高等数学课程组以网络教学应用系统为平台,建设了高等数学网络课程,为实施网络教学提供了良好的支持与保障。

(一)网络课程的结构和内容

高等数学网络课程按章、节、知识点三层结构组织,涵盖了高等数学全部内容,分为12章75讲,在每一讲下配置网络书籍、电子教案、讲授书籍、练习与解答等教学资源,配备数学史料、数学家传记、重要概念和图形的动画演示等丰富的信息资源以及供测试的试题库,满足现代化教学的需要。

高等数学网络课程的具体内容如下。

1. 网络书籍:共计12章75讲,将高等数学的教学内容用网页的形式展现,图文并茂,便于浏览,供学生自学。

2. 电子教案:共计12章75讲,为PPT课件。该套电子教案由高等教育出版社出版,曾被评为优秀课件,内容丰富、制作精美,能够使学生抓住重点,有力配合高学数学的学习。

3. 讲授书籍:共计12章75讲,由多位经验丰富的任课教员集体讨论后分工录制成视频,汇集了数学教研室各位教师多年的教学经验,可以为学生学习提供重要的参考。

4. 练习与解答:共计12章75讲,收集了同济大学数学教研室编的《高等数学》第五版主要章节的课后习题和解答。同济大学编的《高等数学》是普通高等教育"十五"国家级规划书籍,曾获国家级教学成果一等奖,该书籍一直被我国绝大部分高等院校采用,其习题难易适中,有很强的代表性。进行一定的练习是学好高等数学的重要环节,因此,这部分内容为学生课后练习提供了有益的素材。

5. 试题库:涉及了高等数学的188个知识点,包含试题1039道。所有试题均是从高等教育出版社出版的试题库精选的。高教社出版的这套试题库是教育部"十五"重点课题的成果,汇集了1万多道题目,具有较高的权威性。

6. 相关资源:配备了丰富的信息资源,主要包括动画演示、数学家传、数学史料和常用工具等。一些重要的概念和图形的动画演示有助于加深学生对数学概念的理解,了解数学家的生平可以激励学生的学习热情,增加学习兴趣,而数学史料可以开阔学生视野,提高数学素养。

高等数学网络课程配置的上述资源,紧密结合高等数学学科特点,充分利用计算机网络优势,信息丰富、资料翔实,有利于开展网络自主学习。

(二)网络教学系统的功能

高等数学网络教学系统为教师和学生提供了教学资源和互动的平台。教师和学生能够以不同身份登录,进入各自的教学和学习活动界面,实现教学功能和学习功能。

1.在教学功能区,教师可以定制个性化的课程,管理课程文件,发布课程公告,布置和批改作业,与学生进行讨论和交流,及时跟踪学生学习情况,解答学生问题等。具体而言,教学功能区可实现如下功能:

（1）课程管理:授课教师可以管理自己教授的课程,根据自己的教学需要管理和配置教学资源、发布课程公告、维护课程基本信息。

（2）作业系统:教师可以通过网络教学应用系统的试题库布置作业,进而批阅作业、分析成绩。

（3）成卷系统:网络教学应用系统可根据教师输入的组卷参数（考查的知识点或章节、题型结构、满分值、平均难度等）自动生成符合要求的试卷及其标准答案,供学生自测。

（4）学习跟踪:网络教学应用系统为每位学生设置了账号,教师可跟踪每个学生的学习情况,浏览学习日志,适时调整教学内容和进度。

（5）答疑系统:教师可以通过网络教学应用系提供的讨论区和答疑区解答学生提问、查询问题、提出新问题。

2.网络教学应用系统为学生设置了学习功能区。与教学功能区相对应,学生可以根据授课教师的安排和自己的学习情况自主学习,接受课程公告,做作业及查看成绩,进行自测与辅导,提出问题,进行讨论交流。学习功能区可实现如下功能:

（1）课程学习:学生可浏览授课教师定制的课程内容。

（2）自我测试:学生可通过系统提供的自测题目,围绕某一知识点自主选题测试,通过分析测试结果指导自己的学习。

（3）做作业:学生可以在线完成授课教师布置的作业,查看教师批阅结果。

（4）答疑:学生通过答疑系统可以提出问题、查看热点问题、收藏问题、交流问题和参与实时答疑等。

高等数学网络课程内容丰富、信息量大、素材权威、功能齐全,具备自学、辅导、答疑、测试等功能,能够较好地满足现代化教学的需要。

第二节　高等数学教学中情境创设

著名科学家爱因斯坦指出:"提出一个问题往往比解决一个问题更重要。因为解决问题也许仅仅是一个数学上或实验上的技能而已,而提出新的问题、新的可能性,从新的角度去看待问题,却需要有创造性的想象力,而且标志着科学的真正进步。"

从中可以认识到，要培养学生提出问题的能力，要从培养学生的问题意识入手。在高等数学教学活动中，只有使学生意识到问题的存在，才能激发他们学习中思维的火花，学生的问题意识越强烈，他们的思维就越活跃、越深刻、越富有创造性。因此，随着课程改革的不断深入，创设数学情境，让学生在生动具体的情境中学习数学，这一教学理念已经被广大教师接受和认可。可以说，情境创设已成为高等数学教学的一个焦点。很多学生反映数学单调、枯燥、不好学，实际上，情境创设得好，能吸引学生积极参与和主动学习，让他们从数学中找到无穷的乐趣。因为情境创设强调培养学生的积极性与兴趣，提倡让学生通过观察，不断积累丰富的表象，让学生在实践感受中逐步认识知识，为学好数学、发展智力打下基础。

一、创设数学问题情境的原则

在高等数学课堂创设数学问题情境的方法教学中，要使学生能提出问题，就要求教师必须为学生创设一个良好的数学问题情境来启发学生思考，使学生在良好的心理环境和认知环境中产生对数学学习的需要，激发起学习探究的热情，调动起参与学习的兴趣。

（一）符合学生最近发展区的原则

维果斯基的"最近发展区理论"认为学生的发展水平有两种：一种是学生的现有水平；另一种是学生可能的发展水平。两者之间的差距就是最近发展区。作为一名高等数学教师，应着眼于学生的最近发展区，在对书籍深刻理解的基础上，创设与学生原有的知识背景相联系，贴近学生的年龄特点和认知水平的数学问题情境，调动学生的积极性，促使学生去自主探讨数学知识，发挥其潜能。

在高等数学教学中，数学问题情境还要根据具体的教学内容和学生的身心发展需要来设置，教师在原有知识的基础上，以新知识为目标，充分利用数学问题情境活跃课堂气氛，激发学生的学习兴趣，调动学生的学习主动性和创造性，促进学生智力和非智力因素的发展。数学问题情境的创设，必须符合学生的心智水平，以问题适度为原则，问题太深或太浅都不利于学生创造性水平的发挥。

（二）遵循启发诱导的原则

在高等数学教学中，数学问题情境的创设要符合启发诱导原则。启发诱导原则是人们根据认识过程的规律和事物发展的内因和外因的辩证关系提出的。教师要根据学生的实际情况，在与书籍相结合的基础上利用通俗形象、生动具体的事例，提出对学生思维起到启发性作用的数学问题，激发学生自主探索新知识的强烈愿望，激活学生的内在原动力，使学生在教师的启发诱导下，充分发挥主观能动性，积极主动地参加到对数学情境问题的探索过程中。

在高等数学教学过程中，教师要善于创设具有启发诱导性的数学问题情境，激发学生的学习兴趣和好奇心，使学生在教师所创设的数学问题情境中自主学习，积极主动地探索数学知识的形成过程，把书本知识转化为自己的知识，真正做到寓学于乐。

（三）遵循理论联系实际的原则

大学生学习数学知识的最终目的是应用于实际，数学知识来源于生活，数学知识也应该应用于生活。在高等数学教学中，教师要创设真实有效的数学问题情境，引导学生利用数学知识去分析问题、解决生活中的实际问题，使数学问题生活化，真正做到理论与实践相联系。与此同时，学生在具体的数学问题情境中去学习数学知识，带着需要去解决实际问题，这样不仅可以提高学生学习的主动性和积极性，而且可以使他们更好地接受新知识，让理论知识的学习更加深刻。

一个好的问题情境要遵循以上的原则，那在遵循以上原则的基础上，应用什么方式来创设情境呢？

二、创设数学问题情境的方式

数学教学应体现基础性、普及性和发展性，使数学教学面向全体学生，实现人人学有用的数学，都获得必需的数学，不同的人在数学上得到不同的发展。因此数学教育要以学生发展为本，让学生参与到学习中。在倡导主动学习的今天，教师要为学生营造自主探索和合作交流的空间，充分调动学生学习的积极性，培养其创造性。

（一）创设问题悬念情景

情境，即具体场合的情形、景象，也就是事物在具体场合中所呈现的样态。所谓问题情境是指个人觉察到的一种"有目的但不知如何达到"的心理困境。简言之，是一种具有一定困难，需要学生通过努力去克服，寻找达到目标的途径，而又力所能及的学习情境。所以问题情境应具有三个要素：未知的东西——"目的"，思维动机——"如何达到"，学生的知识能力水平——"觉察到问题"，即关注开发学生最近发展区。数学问题情境，就是数学教学过程中所创设的问题情境。创设问题情境，就是构建情境性问题或探索性问题。情境问题是指教师有目的、有意识地创设能激发学生创造意识的各种情境。数学情境问题是以思维为核心，以情感为纽带，通过各种符合学生数学学习心理特点的情境问题，巧妙地把学生的数学认知和情感结合起来。

总之，问题情境的创设即是问题的设计，只不过是特定的问题。一个好的问题情境是数学教学的关键，也是支撑和激励学生学习的源泉。自古以来，问题被认为是数学的心脏。从心理学上讲，"思维活跃在疑路的交叉点"，即思维活跃是在于有了问题情境。创设数学情境问题一般有以下几种方法：通过生活、生产实例来设置；通过数学发展的历史，数学体系形成的过程来设置；通过数学故事，数学趣题，谜题来设置；通过设疑，揭露矛盾来设置；通过新旧知识的联系，寻找新旧知识的"最佳组合点"来设置；通过教具模型，现代化教学手段来设置。

（二）创设类比情境

类比推理是根据两个研究对象具有某些相同或相似的属性，推出当一个对象尚有另外一种属性时，另一个对象也可能具有这一属性或类似的思想方法，即从对某事物的认识推到对相类似事物的认识。

高等数学中有许多概念具有相似的属性，对于这些概念的教学，教师可以先让学生研究已学过的概念的属性，然后创设类比发现的情境，引导学生去发现，尝试给新概念下定义。例如，在讲授多元函数的导数时以二元函数的导数为例，可以和一元函数的导数联系起来，在讲授中可以先复习一下一元函数的求导，在求二元函数的导数的时候，把其中的一个自变量看作是常数，对另一个自变量求导的过程就和一元函数类似了。这样，新的概念容易在原有的认知结构中得以同化与构建，使学生的思维很自然地步入知识发生和形成的轨道中，同时为概念的理解和进一步研究奠定基础。

（三）创设直观情境

根据抽象与具体相结合，可把抽象的理论直观化，不仅能丰富学生的感性认识，加深对理论的理解，且能使学生在观察、分析的过程中茅塞顿开，情绪高涨，从而达到培养学生创造性思维的目的。如在讲解闭区间上连续函数性质中的零点定理时，单纯地讲解定理，学生往往体会不深，定理的含义也理解不透彻，这时教师可以举身边常见的例子加以讲解，比如知道冬天气温常常 0℃ 以下，到了春天气温渐渐升到 0℃ 以上，那么气温由 0℃ 以下升到 0℃ 以上，中间肯定要经过一点 0℃，这个 0℃ 就是所说的零点。

（四）创设变式情境

所谓变式情境就是利用变换命题、变换图形等方式激起学生学习的兴趣和欲望，以触动学生探索新知识的心理，提高课堂教学效率。如在讲授中值定理时，在学习完罗尔定理后，教师可以进一步指出，罗尔定理的三个条件是比较苛刻的，它使罗尔定理的应用受到了限制，如果取消"区间端点函数值相等"这个条件，那么在曲线上是否依然存在一点，使得经过这点的曲线的切线仍然平行于两个端点的连线。变化一下图形，可以很容易得到结论，那么这个结论就是拉格朗日中值定理。进一步地，如果有两个函数都满足拉格朗日中值定理，就可以得到两个等式，那么这两个等式的比值就是柯西中值定理。这样经过问题的变换一步步地引出要讲授的内容，学生就可以很容易地接受新知识。

上述创设教学情境的方法不是孤立的，而是相互交融的。教师应根据具体情况和条件，紧紧围绕教学中心创设适合于学生思想实际、内容健康有益的问题，及富有感染力的教学情境。同时，要使学生在心灵与情景交融之中愉快地探索、深刻地理解、牢固地掌握所学的数学知识。

当然，在高等数学教学中创设情境的方法还有很多，但无论设计什么样的情境，都应从学生的生活经验和已有的知识背景出发，以激发学生好奇心、引起学生学习兴趣为目标，要自然、合情合理，这样才能使学生学习数学的兴趣和自信心大增，学生的数学思维能力和分析问题、解决问题的能力得到提高。

第三节　在高校中实施"高等数学"课程教学创新

在高等技术教育的大多数专业如电子类、计算机类、财经类、地质与测量类的人才培养方案中，高等数学既是一门重要的文化基础课，又是一门必不可少的专业基础课，对学生后续课程的学习和数学思维素质的培养起着重要的作用。

一、教学模式的创新

近年来，随着高等教育的蓬勃发展，部分从事高等教育研究的数学教育工作者对高等数学教学改革做了多方面的有益尝试，但由于人们对数学课在高等教育中所处的地位与作用认识不够到位，教学目标、教学内容、教学方法、教学模式、教学评价等都基本停留在普通专科的基础上，没有根本性改变，再加之现今仍缺乏体现高等教育特点的课程教学大纲，教学所使用的书籍也缺乏高等教育应有的特色，很难满足高等教育各学科和工程技术对高等数学的要求。

（一）采用启发式教学，引导学生积极参与课堂教学

培养学生的学习技能及学习兴趣，只依靠教师在课堂的讲授是不行的。在课堂上，必须让学生亲自实践，让学生充分参与到教学过程中，使学生感受到自身的主体地位。例如，在介绍多元函数的偏导数概念时，可以启发学生与一元数的导数定义进行比较来学习。一元函数的导数定义是函数增量与自变量增量比值的极限，刻画了函数对自变量的变化率。而多元函数的自变量虽然增加了，但是仍然可以考虑

函数对某一个自变量的变化率。即在只有其中一个自变量发生变化，而其余自变量都保持不变，此时可以把它们看成常数的情况下，考虑函数对某个自变量的变化率，所以多元函数的偏导数就是一元函数的导数。这样，学生通过自己思考，再运用所学知识解决问题，具有了数学知识的运用能力，从而进一步激发了学习兴趣。

学习能力的培养是贯彻教学始终的关键问题。在课堂上，教师应重在方法上进行指导，将着眼点放在挖掘和展现数学知识中的思想方法及应用价值上，注意调动学生的自学兴趣。比如，在讲解重要概念时，应结合概念的实际背景及形成过程，重点介绍概念所体现的思想方法的意义与作用。在教学中还应引导启发学生抓住所学知识的阅读、理解、分析和总结环节，鼓励学生勤于动脑。

（二）注重使用多媒体辅助教学，提高教学质量

多媒体教学是集文字、图像、声音、视频、动画等多种元素于一体的现代化教学手段。在课堂上使用多媒体，通过三维图形、动画的形式，可以让学生更好地理解，有助于学生通过观察、归纳发现规律，帮助学生从感性认识过渡到理性认识，从而使枯燥的数学知识变得生动又有趣，增强教学效果，提高教学效率。但是，多媒体的使用，在一定程度上削弱了学生的空间想象能力与抽象思维能力。因此，多媒体只能是在一些时候辅助教师课堂教学，教师不能完全依赖多媒体教学；否则，将会适得其反。例如，在介绍极限的运算、导数的运算、定积分与不定积分等内容时，就不适合使用多媒体教学。

使用多媒体辅助教学时，教师还应注意与学生之间的互动关系。教师不能整节课都在操作台前用鼠标点来点去，将内容按照授课顺序单方面一味地展示出来，不给学生思考与想象的空间。这样，会抑制学生情感的释放，不能发挥学生的主体作用。在课堂上，学生也只是成了多媒体课件的观看者，教学也只能称为多媒体课件的演示了，无法调动学生的学习兴趣与学习意识。因此，应将传统教学手段与多媒体结合起来，发挥它们各自的优势，相互补充，达到最佳的教学效果，提高教学质量。

二、改革教学内容，培养学生实际应用能力

高等院校的教学要"以应用为目的，以必须够用为度"，要强调学生的动手能力。因此，高等院校"高等数学"选择的教学内容，首先应结合学生的专业，在不影响数学的系统性的原则上，适当删减内容。如电子与机电专业，应增加积分变换的内容，而一些经济类的专业，应增加概率统计的内容。在内容讲解时，也应突出实用性，降低理论要求，力求学不在多，学而有用。

数学实验是借助现代化计算工具，以问题为载体，充分发挥学生的主体性的一

门课程。在教学中，通过增加数学实验的教学环节，展示出应用数学知识解决问题的全过程，不仅可以让学生感受到数学学习的意义、数学的巨大威力、数学的美，同时可以激发学生学习数学的兴趣，训练学生的各种基本思维能力、推理分析能力。例如，可以让学生利用数学软件求导数、解微分方程、展开幂级数、计算线性方程组等，使学生学会使用数学软件，并可以利用它来检验计算结果的正确性，达到由"学数学"向"用数学"的转变。

另外，在教学中重视数学建模思想的渗透，是数学教育改革的一个发展方向。数学建模是数学与客观实际问题联系的纽带，是数学与现实世界沟通的桥梁，它在本质上是一种训练学生的联系或一种实验，而这个实验的目的就是让学生在解决实际问题的过程中学会运用数学知识的方法，运用数学模型解决问题的能力，并且将所学知识运用到今后的日常生活和生产中。在教学中，通过生动具体的实例渗透数学建模思想，构建建模意识，可以使学生在大量的数学问题中逐步领会到数学建模的广泛性，激发学生研究学习数学建模的兴趣，提高学生实际运用数学知识的能力。

三、改善考核方式，建立科学的评判标准

以培养能力为指导思想的教学方法改革还必须有考核方式的相应改革来配合。在对学生进行评价时，应关注个体的处境，尊重和体现个体的差异，激发个体的主体精神，促使每个个体最大可能地实现其自身价值。为此，应采取多方位的考核、综合评定的方法，把考试和教学结合起来。不仅要考查学生平时的学习情况和对基本知识的理解与掌握程度，还应考查学生应用数学的能力。考核内容应包括：第一，平时成绩（占20%），包括课堂出勤、平时作业、课堂讨论、回答问题等方面；第二，开放式试题（占30%），这部分的考核主要以数学知识的实际运用题目为主，教师事先设计好题目，由学生自由组合，在规定的时间内完成，最后以实验报告或者小论文的方式上交评分；第三，闭卷考试（占50%），试卷内容及难度以考核学生对基本概念的掌握、基本运算能力为主，试卷不宜太深，按传统的考试方式，限时完成。这样，既可以考查学生对数学知识的理解情况，也可以提高学生的实际解题能力与数学知识的运用能力。

第四节　建构主义理论下高等数学课的教学

随着我国社会经济的不断发展，人们的受教育程度有了很大的提高，其中高等教育已经逐渐发展成为我国教育事业中不可缺少的一部分。高等教育的发展，不仅

打破了传统应试教育的弊端，使得每个学生都能够按照自身的兴趣选择发展道路，还能够积极培养学生的创新能力，使得素质教育成为一种教育常态。但是，在目前我国高等教育中，尤其是数学教育中，依然存在传统的应试教育的弊端，以成绩作为考核的标准依然存在，基于这样的实际情况，高等院校高等数学课程的改革也必须转变教学模式，强调素质教育和人文教育。

一、建构主义教学理论相关概述

20 世纪 80 年代以来，以认知主义学习理论为基础的建构主义学习理论在理科教学领域中逐渐流行起来，成为国际科学教育改革的主流理论。本节首先简单介绍了建构主义理论的产生和发展，然后简要地阐述建构主义的教学理论，包括知识观、学习观、教师观和课程观。最后根据建构主义理论对当今的数学教学改革提出一些建议。

（一）建构主义的产生和发展

建构主义观点是瑞士心理学家让·皮亚杰于 1966 年提出的，他创立的学派被称为"皮亚杰派"，是认知发展领域中最有影响的学派。现代建构主义的直接先驱是皮亚杰和维果斯基的智力发展理论。皮亚杰在 1970 年发表了《发生认识论原理》，主要研究知识的形成和发展。他从认识的发生和发展这一角度对儿童心理进行了系统、深入的研究，提出了认识是一种以主体已有的知识和经验为基础的主动建构。这正是建构主义观点的核心所在。

在皮亚杰上述理论的基础上，许多专家、学者从各种不同角度进行建构主义的发展工作。维果斯基强调学习者的社会文化历史背景的作用，提出了"最近发展区"的重要概念，科尔伯格在认知结构的性质与认知结构的发展条件等方面做了进一步的研究；斯腾伯格和卡茨等人则强调了个体的主动性在建构认知结构过程中的关键作用，并对认知过程中如何发挥个体的主动性做了认真的探索；维特洛克提出学习的生成过程模式；乔纳生等提出非结构性的经验背景；现代建构主义中的"极端建构主义""个人建构主义"也都是建构主义的新发展。这些研究使建构主义理论得到了进一步的丰富和完善，为建构主义理论应用于教学实践奠定了基础。

（二）建构主义教学模式的特点

建构主义教学模式最主要的特点是以学生为中心，转变了传统的以教师为主导、学生被动接受的局面，建立起以学生为中心的新格局，将学习者变为教学模式的主体。建构主义教学模式具有非常现实的学习情境，通过一定的人际活动来完成学习中涉及的社会文化背景知识，将社会背景与学习情境相互结合。建构主义教学模式十分强调教学之间的互动性，即学习者之间的相互沟通与交流非常的重要，能够充分地调动学习者的主动性与积极性。建构主义十分注重学习内容的多样性，例如在学习过程中，各种信息可以转化为学生自身的知识储备。

（三）建构主义历程及主要观点

建构主义理论是认知主义学者皮亚杰在儿童自我建构思想的理论基础上进行发展的。皮亚杰主张学习是学习者自我建构的一个过程。

苏联心理学家维果斯基奠定了构建主义发展的基础。维果斯基认为，人类的社会性、社交性、活动性能够对人类心理发展和认知产生重要的推动作用。

20世纪80年代，构建主义出现了激进派，主要的代表人物是冯·格拉塞斯，他们认为个体的能动性能够改变客观性，个体的经验与外界环境是不同的，十分强调自身主动学习，以自身掌握的经验为基础对现实世界进行建构。

（四）基于建构主义的科学教育理念

建构主义教学观是对传统教学观的批判和发展，认为学习不仅受外界因素的影响，更主要的是受学习者本身的认知方式、学习动机、情感、价值观等的影响，而这些因素往往被传统教学观忽略。

建构主义的知识观认为科学知识应当明确被看作是个人和社会建构的。理论被看作是临时性的，不是绝对的，这和其他教学方法把科学知识绝对化为客观的、没有疑问、一成不变的观点不同。建构主义知识观认为每一种理论与法则的建立都隐含着科学家们的科学探索精神和科学方法的运用（知识的建构过程），无论科学知识发生怎样的变化，这种精神和科学方法的运用是始终如一的，它们才是科学的本质。

建构主义的学习观主要有以下几点：学生的科学学习不是从零开始，而是基于原有知识经验背景的建构。建构主义认为，在学习科学课程之前，学生的头脑里并非是一片空白，通过日常生活的各种渠道和自身的实践，学生对客观世界中的各种自然现象已经形成了自己的看法，建构了大量的朴素概念或前科学概念。这些形形色色的前概念，共同构成了影响学生学习科学概念的系统。学生的前概念是极为重要的，它是影响科学学习的一个决定性因素。前概念指导或决定着学生的感知过程，还会对学生解决问题的行为和学习过程产生影响。科学学习不是接受现成的知识信息，而是基于原有经验的概念转变。科学学习既是个体建构过程，也是社会建构过程。

建构主义认为教师的作用是：第一，主导作用、导向作用、组织者。教师应当发挥"导向"的重要作用，发挥教学组织者的作用，努力调动学生的积极性，帮助他们发现问题，进行"问题解决"。第二，发现者。要高度重视对学生错误的诊断与纠正，并抱有正确的态度。第三，中介者。教师是学生与教育方针及知识的桥梁，教师既要把最新的方法知识提供给学生，还要注意他们的全面素质的提高。

建构主义课程观，不认为课程基本决定于外部环境因素（例如学科结构、社会价值等因素），而是考虑到学习者带进学习情境的先前知识——他们的目的和观点。什么样的经验和概念在促进特定学习结果的产生中是有效的，变成了一个需要解决的问题。把课程看成是促进特定学习结果的一系列学习活动和相互作用的过程，是为了确定研究和探索的目标。

二、高等院校高等数学课现状分析

改革开放以来，我国社会经济得到了飞速的发展，教育事业也出现多元化的发展趋势，但是高等院校的学生却面临着就业难的问题。出现这个问题的主要原因在于高等院校在课程设置、教学内容、教学方法等方面采取的教学模式十分陈旧，与实际的社会需求相脱节，带有主观盲目的色彩。

（一）教师教学主要以应试教育为主

根据相关的调查结果显示，在部分高等院校中，能够主动实行建构主义教学理论的教师只有不到14.4%；超过半数以上的数学教师对于建构主义教学没有一个明确的教学概念，整个教学过程始终没有一个清晰的思路和明确的教学目标。这些教师普遍存在的问题在于应对考试，为了今后有良好的就业优势，从而忽视学生主动学习的技能，只求死记硬背枯燥的数学知识；其余的数学教师仍然保持着传统的教学观念，即重视课堂知识的灌输，而忽视了课后练习和生活实际的联系。这些守旧的落后观念必然会阻碍高等数学在高等院校中的发展，不仅不能够真正地培养出应用型职业人才，还容易使学生厌学并产生逆反、畏难情绪，给学习带来不良影响。

（二）学生建构学习自主性差

传统的教学模式中，学生始终处于被动地位，即教师讲，学生听；教师念，学生记。通常情况下，教师只是简单地将数学理论知识告诉学生，然后学生通过作业和练习等方式进行知识的巩固。对理论知识的形成、发展等过程没有进行拓展和延伸，导致学生学习的自主性变差。而且由于学生本身对数学知识有畏难心理，不能够进行课堂预习和课后复习，从而使得课堂教学质量下降。

（三）教学内容过于陈旧

数学知识本身的内容具备唯一性和固定性，任何一条数学理论都不能够被轻易地推翻和改变，这样就导致数学教学内容长时间处于停滞的状态。教学内容本身就非常的陈旧，再加上教师没有及时地进行课外拓展，对学生吸引力严重不足。

相关调查显示，能够在数学课堂中进行拓展和补充课外知识的教师只有28%，其余 50% 的教师能够偶尔根据课堂的知识进行适当的拓展。有 37% 的教师能够根据书籍设计课外话题，从而活跃课堂气氛，提高学生学习数学的兴趣，其余则不能够根据实际生活来对于课堂教学进行拓展和丰富。

三、建构主义教学理论下高等数学教学模式改革的建议

要想尽快实现高等院校高等数学的教学模式改革，最主要的就是要在建构主义教学理论的基础之上，对高等院校高等数学教学情景模式、职业体验等方面进行建构。

（一）提高教师教学水平，引导学生的意义建构

首先，学校相关的领导一定要鼓励教师在高等数学教学过程中推行建构性教学模式，还要为教师提供充分的教学课时来准备和实践建构性教学模式。教师要不断加强建构主义教学理论的深入研究，不断提高对数学教学技巧的理解和运用。

其次，教师要转变教学观念，要根据学生实际的知识储备水平和相关专业的特点进行数学课程教学方式的转变，熟练地掌握教学内容，做到信手拈来的程度，这样就能够确定什么时候适合运用建构主义教学模式来进行讲解，什么时候可以适当地引入其他学科的理论知识进行拓展，从而正确地引导学生理解建构主义。

（二）创新意义建构式的数学教学模式

在建构主义基础理论指导下，高等院校高等数学的教学模式必须坚持"以人为本"。这样做的目的在于不断地改进建构主义教学理论，使其发展成为适合我国高等院校高等数学教学课堂的教学模式。还要保证不断地对教学内容进行创新，逐渐探索出新型的教学方法，注重对学生自主学习能力的培养，从而保证学生能对高等数学知识进行主动的学习和深入的理解，并且尝试与其他学科的知识进行理论扩展，从而增加自身的知识储备，学会知识的迁移。

（三）培养数学学习兴趣，营造协作学习氛围

建构主义理论十分强调学习者之间的互动性。学生之间良好的互动有助于形成相互合作的良好学习氛围，不仅能够使学生产生良好的学习兴趣，还能够互相促进，相互鼓励，形成互相帮助的学习风气。

目前在我国的高等教育中，尤其是数学教育中，依然存在以成绩作为考核标准的情况，因此，高等院校高等数学课程必须转变教学模式，以素质教育和人文教育为重。

第五节 高等数学教学引入数学建模

以激发学生的求知欲望和创新精神为目标，在教学实践的基础上探讨在高等数学教学中融入数学建模思想的方法和途径，进一步发挥高等数学对提高大学生数学思维能力和数学应用能力的重要作用。

一、数学建模与数学素质教育

素质教育是指依据人的发展和社会发展的实际需要，以全面提高全体学生的基本素质为根本目的，尊重学生主体性和主动精神、注重开发人的智慧潜能。注重形成人的健全个性为根本特征的教育。

如果将数学教学仅仅看成是知识的传授，那么即使包罗了再多的定理和公式，也免不了沦为一堆僵死的教条，难以发挥作用；而掌握了数学的思想方法和精神实质，就可以由不多的几个公式演绎出千变万化的生动结论，显示出无穷无尽的威力。如果仅仅将数学作为知识来学习，而忽略了数学思想对学生的熏陶，忽略了学生数学素质的提高，就失去了数学课程最本质的特点和要求，失去了开设数学课程的意义。

通过数学训练使学生形成的这些素质，还只是一些固定的、僵化的、概念性的东西，仍然无助于学生对学习数学重要性及数学的重大指导意义的进一步认识，无助于素质教育的进一步实施。数学建模及数学实验课程的开设、数学建模竞赛活动的开展，通过发挥其独特的作用，无疑可以为实施素质教育做出重要的贡献。数学建模是指把现实世界中的实际问题加以提炼，抽象为数学模型，求出模型的解，验证模型的合理性，并用该数学模型所提供的解答来解释现实问题。数学建模的教学及竞赛是实施素质教育的有效途径。

总之，数学建模对于实施素质教育有着巨大的推动作用，数学建模与素质教育二者之间存在的这种紧密联系，是靠数学教育工作者们挖掘的，但是必须更加清醒地认识到，这种联系需要继续去挖掘和发现，需要持之以恒地去努力实践。紧密依托数学建模，大力推进素质教育的实施，为培养新的人才做出持续、不懈的努力。

二、在高等数学教学中渗透数学建模思想

在高等数学的教学过程中，在讲解知识点的同时，可以引入一些与所讲授知识点切合度较高的数学模型，使学生在学习与理解数学模型的基础上，更深刻地理解和掌握所学知识。

（一）与函数极限有关的数学模型

连续复利问题：设某顾客向银行存入本金 p 元，年利率为 r，n 年后他在银行的存款总额是本金与利息之和。如果银行规定年复利率为 r，试根据下述不同的结算方式计算顾客 n 年后的最终存款额。

（1）每年结算一次；

（2）每月结算一次，每月的复利率为 r/12；

解：（1）每年结算一次时，第一年后顾客存款额为 $p_1=p+pr=p(1+r)$。

第二年后顾客存款额为 $p_2=p_1(1+r)=p(1+r)^2$。

可知，第 n 年后顾客存款额为 $p_n=p(1+r)^n$。

（2）每月结算一次时，复利率为 r/12，共结算 12n 次，故 n 年后顾客存款额变为 $p_n=p(1+r/12)^{12n}$。

（二）总结与展望

数学建模对培养学生的创新性思维，提高学生数学应用意识和数学素质起着重要的作用。因此，在高等数学教学中，渗透数学建模思想，进行数学建模教学是非常必要的也是可行的。学习数学的目的在于应用数学思想方法解决实际问题，将数学建模渗透到数学教学中，可提高学生应用数学知识、方法解决实际问题的能力。在高等数学教学中引入数学建模思想还可以激发学生学习数学的兴趣，培养学生的创新能力。

在高等数学的教学中恰当地引入数学模型，不仅能让学生深入理解和切实掌握高等数学各知识点，而且可以为他们学习一系列后续专业课程打下坚实的基础。

数学建模是为改变传统高等数学教学中存在的内容陈旧和理论脱离实际的缺陷而诞生的课程，它着重于学生能力和素质的培养、知识的应用和创新。在高等数学教学中引进数学模型，渗透数学建模的思想与方法，不仅能大大激发学生学习数学的兴趣，提高他们学习数学和应用数学的能力，而且能够提升教师的教学水平，丰富现有的教学方法，拓宽课堂教学的内涵，有效提高高等数学的教学质量。

高等数学是高等理、工、经济、管理等专业中的一门必不可少的基础课程，为其他专业课程的学习，以及将来的技术工作，奠定了必要的数学基础。然而各类高等院校学生高等数学的学习情况却不容乐观，多数学生反映高等数学太难，数学课枯燥，成绩不理想，有些学生甚至跟不上教学进度。要想改变这种状况，高等院校必须对高等数学教学的传统思想观念和教学方法加以改革，教师不仅要教会学生一些数学概念和定理，更要教会他们如何运用手中的数学武器去解决实际问题。数学建模就是将现实世界中的实际问题加以提炼，抽象为数学模型，求出模型的解，验证模型的合理性，并用该数学模型所提供的解答来解释和指导现实问题。数学建模对于提高学生运用数学和计算机技术解决实际问题的能力，培养创新能力与实践能力，培养学生团结合作精神，全面提高学生的素质具有非常积极的意义。

三、在高等数学教学中渗透数学建模思想的必要性

在高等数学教学中，帮助学生去发现问题、分析问题并想办法利用所学数学知识解决问题非常重要。在传统的高等数学教学中，学生基本处于被动接受状态，很少参与教学过程。教师在教学过程中常常把教学的目标确定在如何使学生掌握数学理论知识的层面上。通常的教学方法是：教师引入相关概念，证明相应定理，推导常用公式，列举典型例题，要求学生记住公式，学会套用公式，在做题中掌握解题方法与技巧。当然，在高等数学教学中这些必不可少，但这只是问题的一个方面。目前，高等数学的题目都有答案，而将来面对的问题大多预先不知道答案，这就要让学生了解如何用数学去解决日常生活中或其他学科中出现的实际问题，提高用数学方法处理实际问题的能力。

在高等数学课程教学中积极渗透、有机融合数学建模的思想方法，积极引导、帮助学生理解数学精神实质，掌握数学思想方法，增强运用数学的意识，提高数学能力，对培养学生的数学素养、全面提升教育教学质量有着积极的实际意义。

四、在教学内容中渗透数学建模思想和方法的探究

事实上，高等数学很多概念的引入都采用了数学建模的思想与方法。比如，从研究变速直线运动的瞬时速度与曲线切线的斜率出发引入导数的概念，从研究曲边梯形的面积出发引入定积分概念，从研究空间物体的质量出发引入三重积分概念等。教师在讲课过程中要适时、适当、有意识地加以引导，考虑到学生实际的数学基础，在授课前应有针对性地结合现行书籍的各个章节，搜集相关内容的实例，尽可能将高等数学运用于实际生活。讲授内容时适当介绍相关的一些简单模型，不仅能丰富大学数学的课堂内容，而且能很好地活跃课堂气氛，调动学生的学习积极性。以下就对高等数学实际教学中应用数学建模思想的实例加以说明。

（一）微分方程

微分方程数学模型是解决实际问题的有力工具，在了解并掌握了常见的微分方程的建立与求解后引入人口模型。著名的马尔萨斯模型是可分离变量的微分方程，很容易求解，其解说明人口将以指数函数的速度增长。该模型检验过去效果较好，但预测将来问题很大，因为它包含明显的不合理因素。这源于模型假设：人口增长率仅与人口出生率和死亡率有关且为常数。这一假设使模型得以简化，但也隐含了

人口的无限制增长。Logistic 模型也是可分离变量的微分方程，该模型考虑了人口数量发展到一定水平后，会产生许多影响人口的新问题，如食物短缺、居住和交通拥挤等，此外，随着人口密度的增加，传染病增多，死亡率将上升，所有这些都会导致人口增长率的下降。根据统计规律，Logistic 模型对马尔萨斯模型做了改进。作为中长期预测，Logistic 模型要比马尔萨斯模型更为合理。

另外，微分方程模型还有很多，例如与生活密切相关的交通问题模型、传染病模型等。

（二）零点定理

闭区间上连续函数的性质理论性较强，在一般的高等数学书籍中均略去了严格的证明。零点定理是其中易于理解的一个，该定理有很好的几何直观，但其应用在教学中也仅限于研究方程的根的问题。"方桌问题"：四条腿长度相等的方桌放在不平的地面上，四条腿能否同时着地？这个问题是日常生活中遇到的实际问题，在一定的假设条件下，该问题可抽象为数学问题。通过构造辅助函数，利用零点定理便可知问题答案是肯定的。教学中还可提出：若桌子是长方形的，是否结论还成立？利用这个模型，学生们不仅了解了数学建模的过程，很好地掌握了闭区间上连续函数的性质，而且提高了学习高等数学的积极性。

（三）极值与最值问题

最值问题是实际生活中经常碰到的问题，用导数解决实际生活中的最值问题是高等数学的重要内容，学好导数，重视导数应用是学好高等数学的基础。在讲完导数应用的理论内容后，引入"光学中的折射定理"：光在由一种介质进入另一种介质时，在界面处会发生折射。折射会产生"最短时间"效应，即光线会走最短的路径。经过一定的条件设定，这样最短时间效应对应的优化问题为求传播时间的最小值问题，经计算可得光学中著名的折射定理。该定理是学生在高中物理中学习过的重要定理，通过建立数学模型，并利用导数问题加以解决，加深了学生对折射定理的认识，并进一步理解导数应用问题。

另外，运输问题、森林救火费用最小问题、最佳捕鱼方案问题等都是生活中的实际问题，这些问题模型的建立、解决都能使学生对导数应用起到加深理解的作用。

（四）几何概率

现实世界中充满了不确定性，研究的对象往往受到诸多随机因素的影响，建立的数学模型涉及的变量是随机变量，甚至变量间的关系也非确定的函数关系，这类模型称为随机模型。几何概率模型就是涉及"等可能性"的概率问题。著名的蒲丰问题便是几何概率的一个早期例子：平面上画着一些平行线，它们之间的距离均为定值，向此平面投一长度小于平行线间距离的针，试求此针与任一平行线相交的概率。值得注意的是，通过对此问题建立概率模型，可以看到它与周率有关，然后设计适当的随机试验，并通过试验的结果来确定这个量。

随着计算机技术及应用的发展，按照蒲丰问题的思路建立起一类新的方法，称为蒙特卡罗方法，并得到广泛应用。约会问题也是几何概型问题，即两人相约 7 点到 8 点在某地会面，先到者等候另一人 20 分钟，过时就可离去，试求两人能会面的概率。

合理安排理论教学，恰当引入数学建模的思想和方法，主动引导学生运用所学数学知识去分析和解决实际问题，充分调动学生学习高等数学的积极性，让学生发挥学习的主观能动性，感受学习高等数学的乐趣。

五、在数学建模活动中提升学生的数学综合素质

数学建模活动主要包含数学建模课程、数学建模培训与竞赛等。参加过数学建模活动的学生基本能通过采集、整理和分析数据与信息，找出量和量之间的关系，针对问题合理地假设将其转化为一个数学问题，建立数学模型，利用计算机对所建模型求解，最后对结果进行分析处理，检验和评价，从而解决问题，最终完成一篇论文或报告。数学建模活动着重培养学生以下几项能力：应用数学方法和思想进行综合分析推理的能力（创造力、想象力、联想力和洞察力）、数学语言与生活语言的互译能力、查阅文献资料并消化和应用的能力、使用计算机及相应数学软件的能力、论文的撰写能力和表达能力、团队合作的能力。

开展数学建模活动是渗透数学建模思想的最重要的形式，它既可以体现课内课外知识的结合，又可以满足普及建模知识与提高建模能力结合的原则，为培养学生综合运用数学知识分析和解决实际问题的能力提供了实践平台，有效地提高了学生的数学综合素质。

第六章 高等数学教学模式

第一节 课堂管理平台的高等数学教学模式

高等数学是理工科院校开设的重要公共课，其重要性体现在高等数学严谨的思维方式和解决问题的科学方法上，是培养学生创新能力的重要途径。因此，高等数学教学质量的高低、教学效果的好坏直接关系到学生对该门课程的学习，而且将直接或间接地影响到后继课程的学习，最终影响到高质量的人才培养。

目前，我们对高等数学在大学教育中的定位认识有失偏颇，对数学的"适度，够用"的原则理解得片面，只是盲目地压缩教学课时，删减教学内容，没有弄清楚学习数学对于培养"实用型，应用型，创新型"人才的作用。从学生方面，有些学生不理解学习高等数学有何用途，一些专业的学生认为他们不需要学习高等数学，甚至认为这是浪费时间；还有很多学生认为高等数学课程太抽象，太难理解。这导致学生学习高等数学的积极性不高，产生了仅仅是为了应付考试而去学习的想法。因此，我们亟须对高等数学的课堂教学质量进行提升。

一、高等数学课堂教学质量提升技术保障

近十年来，国内教育界将现代传媒手段应用于课程教学。目前，慕课（MOOC）平台已经推出了一些国内名校的高等数学课程；全国高校数学微课程教学设计竞赛也已经举办四届，评选出了千余件优秀作品。在教育信息化的现在，如果将慕课、微课等优质在线教学资源有效地引入高等数学课堂教学中，将为高等数学教学质量提升提供强有力的"师源"保障。

同时，随着科技的发展和人民生活水平的提高，高性能智能手机已经成为大学生的"标配"，每个学生都或多或少地有"手机依赖症"。如果能够引导学生正确使用手机，使手机从学生手中的娱乐工具变成高等数学课上课下的"学习工具"，将为

高等数学教学质量提升提供有力的"学习主体"保障。

随着移动互联网技术的发展、移动智能终端的普及，以及各高校网络建设的不断完善，高校教师开始利用各个移动平台开展课堂教学改革。当前，支持移动终端设备的移动教学平台有很多，例如雨课堂、课堂派、超星学习通、"蓝墨云"班课等，这些移动教学平台为高等数学教学质量的提升提供了有力的"平台保障"。

那么，如何将这些资源整合以提升高等数学教学质量呢？我们以课堂派为例介绍。课堂派是由一群北大学子为了方便教师而研发出的互动课堂管理平台，确立了"让教育更简单"的理念。课堂派适用于高校领域师生课堂互动，是一款高效的在线课堂管理平台。我们可以利用课堂派强大的功能，将慕课、微课等优质在线教学资源有效地融合于高等数学的课堂教学；学生可以通过课堂派的移动端进行课前、课中和课后的学习，从而提升高等数学学习效果。

二、高等数学混合式教学模式

本节以"函数的单调性与曲线的凹凸性"这节课为例，介绍基于课堂派平台的混合式教学模式在高等数学课堂教学中的应用。课堂派有备课区和课堂两大区域。备课区和课堂都有互动、作业、话题、资料和测试五大模块。教师在备课时，可以将教学 PPT 课件存放在资料模块，设置好课堂上课件互动内容和题目互动内容。如果在课堂上要进行测试，可以设计好测试题目并将其上传至课堂派平台。在课堂派的课堂区域，还设置有考勤、表现、抢答、提问等功能，这些功能的使用可以激发学生的学习积极性，提高课堂效率。

课前准备。准备阶段主要分为教师备课、学生预习、课堂互动活动三个部分。教师要形成关于教学内容、方法、体系的初步认识与理解。教师提供给学习者的资源以课程 PPT 和微视频形式呈现。目前中国大学 MOOC 平台上以高等数学为关键词可以找到 653 条相关课程，因此我们没有录制微课视频，而是直接剪辑了中国大学 MOOC 网上同济大学高等数学课程中"函数的单调性与曲线的凹凸性"部分视频。教师将课程 PPT 和剪辑好的视频上传至课堂派资料模块，以供学生预习参考使用。

根据课程教学内容和学生特点，本节课的教学设计中有试题互动环节。互动分为学习者与资源互动、学习者与教师互动、学习者之间的互动三部分。试题互动首先是可以发起学生与资源的互动，其次，在授课过程中该互动会引出学生与教师、学生与学生之间的互动。因此，教师分别对单调性和凹凸性两部分内容在课堂派平台设置两个课堂互动。

面授阶段。面授过程中教师、学生都会参与信息的交互，为体现以人为主体的教育理念，本节课的授课流程如下：（1）首先向学生说明本节课的教学内容和教学方式。（2）第一小节课播放函数单调性的教学视频，视频来源于慕课平台上同济大学高等数学慕课（视频时长 10 分钟左右）；接着在课堂派平台上发起第一小节互动，学生在课堂派平台上完成练习（时长 20 分钟）；然后在课堂派平台上展示大家的成果，选取学生黑板板书演示，教师和同学点评（时长 15 分钟）；最后教师总结。（3）第二小节课播放函数凹凸性的教学视频，视频来源于慕课平台上同济大学高等数学慕课（视频时长 10 分钟左右）；接着在课堂派平台上发起第二小节互动，学生在课堂派平台上完成练习（时长 20 分钟）；然后在课堂派平台上展示大家的成果，选取学生黑板板书演示，教师和学生点评（时长 15 分钟）；最后教师总结。

在这个教学流程的设计中，教师从单一的课堂讲授者转变为课堂的组织者和管理者。从知识传递方面，由教师的"满堂灌"转变为学生"听—练—讲—讨论"，使学生真正成为课堂的主体。在学生讲解展示环节，基于不同的知识积累，对同一道题目，学生们对问题的理解和求解方法不再单一，从而达到了一题多解的目的，在无形中丰富了教学内容。

课后巩固。课堂教学完成后，学生可以按照自己的学习程度和时间安排，在课堂派平台上再次观看微课视频和教学 PPT，对课堂内容进行进一步理解。教师可以在课堂派编辑好作业后发送给学生，学生在手机微信端可以查看作业，完成作业后在课堂派上传作业。教师在线批改作业、评分，从而了解学生的知识掌握情况。另外，学生还可以围绕学习中遇到的问题、难点和自己的想法，在课堂派平台中用私信功能和任课教师积极地探讨与交流。

三、评价与反思

教学反思是指教师对教学活动所涉及的种种问题进行多视角、多层次的反复深入审视与思考的过程与行为。有效的教学反思是提升课堂教学质量的重要手段。教师在微课视频播放过程中注意到，在 10 分钟左右的视频播放时段，几乎所有同学都能集中注意力学习。在互动环节，同学们能及时完成测试题并热烈讨论。不足之处是，由于是数学题，学生在手机上作答互动，输入时有些麻烦。在课堂展示环节，由于部分学生在中学接触过单调性的判别，所以在这一环节出现了同一题目多人多种方法求解的情况，极大地调动了学生的积极性。在作业批改过程中，教师获取了学生接受课堂学习的成效，并将学生存在的问题及时通过课堂派告知学生。最后，教师总结翻转课堂教学模式实施中的优势与存在的问题，不断优化教学设计，提升高等数学课堂教学质量。

第二节　创新理念下的高等数学教学模式

新时代背景下，科学技术快速发展，国与国之间的竞争是创新能力的竞争。对于任何一个国家而言，如果缺乏创新意识、不具备创新能力，那么这个国家就是没有希望的，无法进步并造福于人类。因此，各国都认识到创新能力的重要性，都将创新能力当成一种待开发的资源。在此基础上，我国现代化建设必须更加重视并依托"人才红利"。高等院校是开展高等教育的重要场所，在培养人才创新能力方面发挥了重要作用。同时，高等院校还扮演了培养具备创新理论、掌握先进知识的创造型人才的重要角色。高等数学作为高等院校教育不可缺少的一个重要课程，在培养学生创新意识、创新能力、逻辑思维能力等方面发挥着重要的作用，因此，以培养学生创新能力为核心对高等数学教学模式进行研究，具有重要的理论与实践意义。

一、制约大学生创新能力发展的因素

高等院校。第一，大部分高校开设的高等数学内容较多，但课程学时相对较少，无法保证学生充足的学习时间。第二，对专业及课程的设置不够科学，无法做到厚基础、宽口径。高等数学虽然能够促进专业人才的培养，但专业知识面不够广，不利于学生综合能力的发展，无法有效培养学生的创新能力。第三，学校考核方式不够多元化。当前，大部分高校的高等数学考核方式以期末考试为主。在调查中发现，已经有部分高校对考核进行优化，以"期末考试成绩70%+平时成绩30%"的评判标准对学生进行考核，但还是无法从根本上改变考核方式单一的情况。高等数学考核缺乏对学生学习过程的考查，无法合理、科学地对学生的学习能力与成绩进行客观评价，单一的期末考试缺乏开放性与应用性题目，制约了对大学生创新能力及综合能力的评价和考核。

教师。受传统教育观念的影响，教师缺乏先进的教育理念，缺乏对教学方式创新的意识，导致教学方法较为落后。教师的思维跟不上时代发展的脚步，也就无法在教学中引导学生进行创新。因此，要培养学生的创新能力，首先要改变教师传统的教育思想。在高等数学教学中，教师不应只重视知识的结论，应重视对学生创新思维的培养，重视对知识的探索，要引导学生去思考，挖掘自身潜在的能力，以创新的思维去学习和掌握高等数学。

大学生自身。第一，部分大学生的创新意识非常强烈，但是不具备善于利用创新条件进行创新的能力。多数大学生都具有创新动机，以及对创新也有一定的了解，都希望在学习中产生新的学习方法、先进的学习理念。但学生因为缺乏一定的经验，不能在实际中创造与利用机会，无法将自己的知识与经验进行有机结合，无法掌握高等数学的最新发展动态与有关学科知识的横向关系，较大程度地影响了其创新能力的发展。第二，多数大学生的思维比较灵敏，但缺乏创新性。因大学生知识面不够广，无法将该学科与其他学科有效整合，因此，影响了大学生发散性思维的发展，在学习上不够灵活，无法全面系统地看待问题。

二、以培养学生创新能力为核心构建高等数学教学模式

整合优化教学内容。高等数学的应用较为广泛，是高等院校多个专业的基础必修课程，在其具体应用方面，不同专业有较大的差异，受学时的限制，学生的学习效果不够理想。若学校以"够用"为原则开展高等数学教学，就会缺乏对数学公式有关过程的推导，无法让学生深入了解公式的产生背景，不会将知识灵活运用。因此，有必要结合各专业的实际情况对教学内容进行整合优化，从而实现提升教学质量与效率的目的。

第一，增加与本专业有关的要领性、理论性内容。就高等数学本身而言，大部分知识点的证明过程过于烦琐，且缺乏针对性，不是对每个专业都有用。所以，教师在备课时应结合各个院系以及不同专业的差异，删减部分与专业无关的教学内容，再结合不同专业的需要与发展趋势，增加一些实用性、应用性以及创新性内容。例如，在教授应用题和计算题时，教师可以针对这些应用题与计算题开展讨论活动，引导学生由不同角度、通过各种方式去探索解题的方法，实现培养学生创新能力的目的。

第二，开设数学建模与数学实验课程。数学建模能够发展学生的想象能力、观察能力以及创造能力，可以激发学生的创新意识。因此，可以建立数学建模以及数学实验课程让学生学习数学软件，掌握软件的应用技术，以及利用软件来解决高等数学的计算问题。数学建模，可让学生在未知的世界自由探索，使学生解决问题的能力及创新能力得到提升。

创新教学方法。过分重视过程演绎的教学将无法有效培养学生的创新意识与创新能力。传统的高等数学教育模式主要是培养学生的模仿能力，不利于学生创新能力的发展。所以，有必要对教学方式进行创新，不断丰富高等数学的教学方法，例如，在教学中利用多媒体、数学软件以及模型等为学生创建一个培养创新思维能力的学习环境。教师应在课堂中引导学生积极表达自己对问题的不同见解，尊重学生的不同思维，鼓励学生大胆开拓创新，让学生敢于对"权威"观点与定论产生怀疑。应将传统的教学结构"提问—讨论—答辩—评价"转化为"问题—分析—探索—研究—创新（拓展）—评价"。创新高等数学教学方法，可以从以下几个方面进行：

第一，在学习概念性的知识内容时，教师应引导学生对问题进行思考，使其能够透过现象去看待本质，让他们的思维能够融入这些概念所包含的数学理念，并感受理念产生的过程。例如，在讲解泰勒公式时，教师可以借助"多项式"近似的表达函数，从而导入"逼近"问题，利用图形展示其误差；再融入一些相关的数学史知识，如泰勒、拉格朗日、麦克劳林、皮亚诺等数学家的个人简介及他们的个人成就，继而引出泰勒中值定理，以及拉格朗日余项、麦克劳林余项、皮亚诺余项；最后，让学生深入认识和掌握泰勒公式。

第二，对于理论性的知识内容可合理融入一些与知识有关的历史知识，以及结合专业与应用的实际问题导入教学内容，通过具体的、形象的例子，达到举一反三的效果。例如，在讲授微分中值定理时，中值定理具有较强的理论性，因此，教师应适当忽视中值定理的理论证明，可以通过各种动态软件来展示罗尔定理的正确性。在罗尔定理的基础上，以动态方式展示拉格朗日中值定理的几何意义。最后，结合中值定理，以抛射体运动为例，对微分方程的知识进行解说，从而为后面的知识点作铺垫。

第三，对于应用性的知识内容，教师可以实施"研讨式"教学法。首先，组织学生分组学习，各小组以某个知识点为主题自主学习。各小组先进行自学，查阅相关资料，对问题进行讨论、研究，最后获得结论，教师再进一步引导学生掌握知识点。例如，学习导数在经济学中的应用时，教师可根据学生掌握的导数知识逐步导入商业、经济学等相关问题，引导小组共同探讨建模。最后，小组通过研究探讨，获得边际成本、边际收入、边际利润、弹性函数等概念。通过这个过程，学生可利用已掌握的知识解决实际问题，不仅能锻炼学生解决问题的能力，还能培养学生的创新意识与创新能力。

建立科学、合理的评价体系。传统的高等数学评价体系是根据学生的日常训练、基础知识的掌握以及运算证明来进行考评，这种缺乏创新思维的测试与考核制约着大学生创新能力的发展。所以，高等数学评价体系的建立需要建立在培养学生创新能力的基础上，要建立一个科学、合理的高等数学评价体系，通过考核来激发学生的学习兴趣，提高学生的学习热情，将学生的被动学习转变为主动探索，进一步培养学生的创新能力。

第一，注重过程性评价。过程性评价主要有学生日常学习的表现评价、行为观察评价以及研讨式评价等，包括学生的课堂表现、课堂考勤、作业完成情况，以及研讨式学习过程中的表现等。课堂表现与上课考勤一般是用于评价学生学习的参与程度、思考情况以及学习的积极性；作业一般是用于评价学生作业完成的情况和作业的质量；研讨式学习表现一般是用于掌握小组讨论情况、学生的自主学习情况以及学习态度等。从多个方面对学生进行考查能够督促学生自觉学习，让学生在掌握知识的同时进一步提升自己的创新能力。

第二，突出开放性数学问题的评价。在高等数学的学习中，学生掌握知识后，会尝试如何用已掌握的知识去解决开放性问题与应用性问题，这是考核学生数学能力的主要评价依据。首先，教师要给出几个和学生专业相关的应用问题，让学生以小组形式进行协同合作，各小组查阅资料、相互探讨，教师根据实际情况对小组进行指导，其次，教师对各小组的开放性数学报告进行评定。通过这个过程，提升学生的交流能力与团队合作能力，提升他们收集信息、处理信息以及分析数据的能力，促进了学生综合能力的发展，激发了学生的学习热情，培养了他们的创新能力。

第三，弱化期末闭卷考试评价。教育的最终目的不单是要求学生掌握知识内容，同时还要让学生在掌握知识的过程中使自身综合能力有所提升。当前，高等数学的考核方式主要是期末的闭卷考试，但这种考核方式存在较大弊端。因此，教师可结合学生的专业特点设置不同的试题。例如，针对低层次，主要以客观题进行测验，包括判断题、选择题等；针对高层次，可以在低层次的基础上添加应用性问题，包括分析题、证明题等。教师应对传统评价体系不断优化，合理减少期末考试在总评成绩的比例，对出题模式、成绩评价等环节不断创新，从而实现对学生的科学评价。

社会在高速发展，当前人才的竞争就是创新能力的竞争，因此培养大学生的创新能力是社会发展的客观需求。而如何更好地培养大学生的创新能力，也是高等院校急需解决的问题。现如今，我国已步入全民创新创业的深入时期，因此，高等教育必须充分抓住这个机遇，创新教育理念、优化教学方式，不断完善教学内容，建立科学创新的考核体系，以培养学生创新能力为核心，构建完善的高等数学教学模式。

第三节　分层教学法的高等数学教学模式

高等数学是高等教育一门重要的基础课程，对学生的专业发展起到重要的补充作用。传统的高等数学教学模式已经不适合现代高等教育发展的需要了，必须改变现有的教学模式，建立一种新型教学模式以适合现代企业用人的需求。本节主要介绍并分析了高等数学现有媒体资源和学员学习状况、分层教学法在高等数学中应用的依据、高等数学分层教学实施方案、分层教学模式，并阐述了基于分层教学法的高等数学教学模式建构，希望为专家和学者提供理论参考依据。

一、现有媒体资源介绍和学员学习状况分析

高等数学现有媒体资源介绍。教材是教学的最基础资源，但现在高等数学教材基本都是公共内容，体现为专业服务的知识很少，也就是知识比较多，但根据专业发展的针对性不足。现在为了学生的专业发展，高等数学教材也一直在改变，但现在还是有一定章节的限制，没有完全根据学生的专业发展，进行有效的教学改革。高等数学是一门公共基础课，传统教学就是对学生数学知识的普及，但现代高等教育对高等数学课提出了新要求，不仅是数学知识的普及，同时要提升到为学生专业发展服务方面上来，就是在基础知识普及的过程中提升学生的专业发展，全面提高学生综合素养，培养企业需要的应用型高级技术人才。

学员学习状况分析。高等数学是一门重要的基础课程，这个学科本身就具有一定的难度，但现在应用型本科院校学生的数学基础普遍不好，有一部分同学高考数学分数都没有达到及格标准，这会给学生学习高等数学带来一定的难度，大学的教学方法、教学模式、教学手段与高中有一定的区别，大一就学习高等数学会给学生带来一定的挑战，教师需要根据学生的实际情况、专业的特点，科学有效地采用分层教学法，着重提高学生实践技能，增强学生创新意识，提高学生创新能力。

二、分层教学法在高等数学中应用的依据

分层教学法有一定的理论依据，起源于美国教育家、心理学家布卢姆提出的"掌握学习"理论，这是指导分层教学法的基础理论知识，但经过多年的实践，对其理论知识的应用有一定的升华。现在很多高校在高等数学教学中采用分层教学法，高校学生来自祖国四面八方，学生的数学成绩参差不齐，分层教学法就是结合学生各方面的特点进行有效分班，科学地调整教学内容，对提高学生学习高等数学的兴趣起到一定的作用，也能解决学生之间的个性差异。分层教学法可以根据学生的发展需要，采用多元化的形式进行有效分层，其目标都是提高学生学习高等数学的能力，提高利用高等数学解决实际问题的能力，全面培养学生知识应用能力，符合现代高等教育改革需要，对培养应用型高级技术人才起到保障作用。

三、高等数学分层教学实施方案

分层结构。分层结构是高等数学分层教学实施效果的关键因素，必须科学合理地进行分层，结合学生学习特点及专业情况科学合理地进行分层，一般情况都根据学生的专业进行大类划分，比如综合型大学分理工与文史类等，理工类也要根据学

生专业对高等数学的要求进行科学合理的分类，同一类的学生还需要结合学生的实际情况进行分班，不同层次学生的教学目标、教学内容都不同，其目标都是提高学生学习高等数学的能力，提高学生数学知识的应用能力，分层结构必须考虑多方面因素，保障分层教学效果。

分层教学目标。黑龙江财经学院是应用型本科院校，其高等数学分层教学目标就是以知识的应用能力为原则，通过对高等数学基础知识的学习，让学生掌握一定的基础理论知识，提高其逻辑思维能力，根据学生的专业特点，重点培养学生在专业中应用数学知识解决实际问题的能力。高等数学分层教学目标必须明确，符合现代高等教育教学改革需要，对提升学生知识的应用能力起到保障作用，同时对学生后继课程的学习起到基础作用，高等数学是很多学科的基础学科，对学生的专业知识学习起到基础保障作用，分层教学就是根据学生发展方向，有目标地整合高等数学教学内容，结合学生学习特点，采用项目教学方法，对提高学生的知识应用能力、分析问题、解决问题的能力起到重要作用。

分层教学模式。分层教学模式是一种新型教学模式，是高等教学模式改革中常用的一种教学模式，根据需要进行分层，分层也采用多元化的分层方式，主要针对学生特点与学生发展方向进行科学有效的分层教学。每个层次的学生学习能力不同，确定不同的教学目标、教学内容，实施不同的教学模式，其目标是全面提高学生高等数学知识的应用能力，在具体工作中，能采用数学知识解决实际问题。研究型院校与应用型院校采用的分层教学模式也不同，应用型院校一般使高等数学知识与学生专业知识进行有效融合，提高学生知识的应用能力。

分层评价方式。以分层教学模式改革高等数学教学，经过实践证明是符合现代高等教育发展需要的，但检验教学成果的关键因素是教学评价，教学模式改革促进教学评价的改革。对于应用型本科院校来说，教学评价需要根据高等数学教学改革需要，进行过程考核，重视学生高等数学知识的应用能力，注重学生利用高等数学知识解决职业岗位能力的需求，取代传统的考试模式。高等数学也需要进行一定的理论知识考核，在具体工作过程中，需要理论知识与实践知识相结合，这是高等数学分层教学模式的教学目标。

四、分层教学模式的反思

分层教学模式在高等教育教学改革中有一定的应用，但在实际应用过程中也存在一定的问题。首先，教学管理模式有待改善，分层教学打破传统的班级界限，这给学生管理带来一定的影响，必须加强学生管理，这对教学起到基本保障作用。其次，对教师素质提出了新要求，分层教学模式的实施要求教师不仅要具有丰富的高等数学理论知识，还应该具有较强的实践能力，符合现代应用型本科人才培养的需要。最后，根据教学的实际需要，选择合理的教学内容，利用先进的教学手段，提高学生的学习兴趣，激发学生的学习潜能，提高学生高等数学知识的实际应用能力。

总之，高等数学是高等教育的一门重要公共基础课程，在高等教育教学改革的过程中，高等数学采用分层教学模式进行教学改革，是符合现代高等教育改革需要的，尤其体现出了为学生专业发展服务的能力，符合现代公共基础课程职能。高等数学在教学改革中采用分层教学模式，利用现代教学手段，采用多元化的教学方法，对提高学生的高等数学知识应用能力起到了保障作用。

第四节　基于微课程的高等数学教学模式

随着全球经济的快速发展，科学技术也随之发展壮大。近几年，信息化教学改革随着教学实践的发展得到进一步的提高深化，与此同时，"微课"的信息化教学方式悄然兴起，并作为一种信息技术与教学融合的手段在国内得到迅速推广，从基础教育领域迅速升温至高等教育领域。《全国高校微课教学比赛》和《中国微课大赛》等各类有关"微课"的赛事，中国微课网等网站的兴起，以及《高校微课研究报告》的出炉更是标志着"微课"已经成为教育信息化的热点之一。

一、高等数学教学中实施微课程教学的必要性

目前，在普遍的高等数学教学模式中，学生是借助于多媒体的直观呈现和教师的课堂板书与讲解，进行高等数学课程的学习的。多媒体的辅助教学固然能帮助学生克服传统的满堂灌的教学方式带来的弊端，但这种教学模式依然存在较大的缺陷。而以 5~10 分钟的视频为核心组成部分的微课程，将会作为现行的普遍教学方式的有益补充。相对于较宽泛的传统课堂，微课的问题聚集，主题突出，更适合教师的需要。微课主要是为了突出课堂教学中某个学科知识点（如教学中重点、难点、疑点内容）的教学，从而反映课堂中某个教学环节、教学主题的教与学活动，相对于传统的一节课要完成的复杂众多的教学内容，微课的内容更加精简，重点更突出，再辅以针对知识点设置的练习单元，将更符合学生的学习需求，进而有助于学生对重点知识的学习和把握，帮助学生树立学习的兴趣和信心。所以，实施以微课为载体的高等数学课程的教学方式，建设适应当代大学生的网络学习资源，将更加有利于学生自主学习，有利于高等数学学习效率的提高。

二、高等数学教学中实施微课程教学的实践

微课程的教学模式，对新时期的教学工作者提出了更新更高的要求。高校教师要为学生提供具有高度准确性、概括性、生动性，能够快速吸引学生并激发其学习动机的教学素材，同时针对微课中对应的知识点，建立习题库，让学生自主学习后即时巩固所学内容。再者，建立适应学生特点的网络互动交流平台，让现代化的教学手段和传统的教育教学方法融合，二者相得益彰，共同提高学生的高等数学学习效率。要完成上述这些目标，我们主要将从以下几个方面教学单元中完成：

高等数学微课模块体系。在高等数学的教学模式中，我们坚持以传统的课堂板书讲解方式为主，将相关知识理论传授给学生，同时，根据课程的重难点内容，结合对学生的调查反馈，找到学生的薄弱环节，进而从众多的高等数学知识点钟遴选出若干节段，做好微课教学模块体系的整体规划，分类开展微课的制作，避免避重就轻，无序开发。按照微课的不同呈现形式分为PPT微课、讲课式微课和情景剧式微课；按教学内容分为知识点讲授式微课、图形演示微课、例题习题解答式微课和专题问题讨论式微课；按照教学环节分为课题预习微课、新课导入式微课、练习巩固式微课、总结拓展式微课和活动式微课。

高等数学微课教学方法。在教学方法上，我们依然注重学生的知识基础的学习，开展课前讨论、微课学习和课后答疑的教学活动，在每个教学环节上，突出学生的主体地位，最大限度地发掘学生的学习能动性。同时，在教学过程中，教师应把握高等数学的总体结构框架和重难点知识点的分布，引导学生明晰高等数学理论中的精髓所在，从而加深学生对于课程的理解和把握。

此外，我们结合学生的专业开展有针对性的微课教学内容，比如在经管类专业的微课中，可以从复利问题出发引入幂级数的问题；在理工类专业的微课中，可以从蚂蚁逃离热源的路径选择问题中引出方向导数的相关知识。再者，我们要充分利用便捷的校园无线网络，发挥信息时代空间和时间的自由，通过微信和QQ群的方式，及时为学生传递相关的学习资料，让所有学生都积极参与进来，平等自由地交流互助，帮助学生及时解决学习中的困惑，激发学生的学习热情和创造性。

高等数学精品"微课"的建设。微课的研究和开发是一项长期的系统性的复杂工程，"微课"资源建设要经过选题设计和实际拍摄等多个环节。学校应鼓励教师积极参加全国高校微课教学竞赛，在竞赛中向同行学习，积累微课教学经验，提高高等数学微课资源建设水平。同时，学院应根据实际需要定期邀请专家名师，组织教师和学生开展基于"微课库"的评课研讨活动，在实践中不断修改，力求建设"微课"精品课程库。

在信息时代背景下，随着无线网络的普及，微课以其便捷高效的特点，具有十分广阔的教育应用前景，作为一种新型的学习方式，微课无疑给传统的高等数学教学方式带来了新的变革和挑战，必将成为课堂讲授的重要补充和拓展。年轻教师应顺应时代发展，积极参与微课资源的建设，注重将理论知识和学生的专业相结合，切实提高自己的专业素质和教学水平，以培养学生的创新思维和创新能力。

第五节　基于问题驱动的高等数学教学模式

任务驱动法是高等数学教学中的一种重要教学模式，能够提高学生的主体地位，激发其学习兴趣，促进其自主学习，进而提高其数学水平，因此在高等数学教学中对问题驱动模式进行应用有着重要作用。实际情况中，我国高等数学教学虽然有了较大发展，各类新型教学模式也不断涌现，但是受人为因素及外部客观因素的影响，依旧存在较多问题。因此，如何更好提高高等院校数学教学质量成为教师面临的重大挑战。本节主要所做的工作就是对基于问题驱动的高等数学教学模式进行分析，提出了一些建议。

随着教育事业不断深入，我国高等数学教学有了较大进步，教学设备、教学模式不断更新，较好满足了学生的学习需求。在应用技术型这一新的高校发展理念背景下，要求教师充分激发学生的学习兴趣，营造出良好的课堂氛围，多与学生沟通交流，鼓励学生进行自主学习，以更好提高学生的数学水平。但是很多教师都只是依照传统方式进行教学，没有实时了解学生的学习兴趣及学习需求，致使学习效率低下，教学质量不高。因此，教师需对实际情况进行合理分析，对问题驱动模式进行合理应用，充分调动学生的自主性，以更好确保教学效果。

一、问题驱动模式的优势分析

问题驱动模式以各类问题的提出为基础，注重激发学生的学习兴趣、调动学生的好奇心，与教学内容进行了紧密结合，这样能够较好提高学生的实践能力，增强学生数学学习的有效性。因此，在高等数学教学中对问题驱动模式进行应用具有较大的优势。

问题驱动模式的应用能够提高学生的主体地位。在问题驱动模式下，受好奇心的影响，学生能够自主对各类问题进行思考和分析，根据自身所学的知识来寻找解决问题的途径和方法。在获得一定成就感后，学生的学习积极性能够得到较好提高，进而自主探究更深层次的数学问题，满足自身的求知欲，这样较好地提高了学生的主体地位，为学生后期的高效学习准备了条件。以往在进行数学教学时，教师为传授者、学生为接受者，教师主要采用传统满堂灌的方式进行教学，在没有实时了解学生的学习情况下，对各类知识一股脑进行讲解，在这种情况下，学生的学习积极性和主动性较差，学习效率也较为低下，难以提高数学学习水平。问题驱动模式主要以学生为课堂主体，强调促进学生的自主学习、合作学习、探究学习，教师则可依据课堂实际情况设置不同形式和难度的问题，并加以引导，及时帮助学生解决各类问题，以更好地提高学生的数学学习能力。因此，在数学教学中对问题驱动模式进行应用能够较好地提高学生的主体地位，这样能为学生后期数学的高效学习准备条件。

问题驱动模式的应用能够提高学生的数学学习能力。在应用技术型这一新的高校发展理念背景下，对学生提出了较高要求，学生除了能学习、会学习外，还必须学会创新，能够主动学习、自主探究，这样才能更好地促进学生的全面发展，提高学生的数学水平。问题驱动法强调教授学生学习方法和学习技巧，而不只是教授学生固有的课堂知识，这就要求教师加强对学生学习能力、思维能力、实践能力的培养，站在长远的角度，以更好地帮助学生学习数学知识。数学知识的学习是为了解决实际问题，完善学生的数学知识体系，而问题驱动模式的应用则帮助学生对各类数学知识进行灵活应用，构建完善的数学知识体系，进而更好地提高学生的数学学习能力，确保教学效果。

问题驱动模式的应用能够提高学生的综合素质。在问题驱动的作用下，学生能够积极进行沟通交流，就相关问题进行讨论，查找相应的资料，这样能够培养学生的创新意识、创新能力。在新课程理念背景下，学生须具备多项功能，除了一些专业技能外，还需具有其他技能，这样能够在后期数学学习中得心应手，提高学生的综合素质。随着教育事业的不断深入，学生也应对自己提出更高的要求，而在问题驱动模式的作用下，学生的学习环境得到了较好改善，教学氛围也较为活跃，这样能够促进师生、生生之间的沟通交流，培养学生的合作意识，提高学生的综合素质，对学生步入社会都能起到较好作用。

二、在高等数学教学中应用问题驱动模式的方法分析

在高等数学教学中对问题驱动模式进行应用时，教师须对实际情况进行合理分析，了解学生的学习需求、学习兴趣、学习能力，充分发挥出问题驱动模式的作用。在高等数学教学中对问题驱动模式进行应用的方法如下：

（一）创设教学情境

数学教学过程大都存在一定的枯燥性和复杂性，若学生的学习兴趣不高，不能很好地融入学习环境中，将难以有效进行数学学习，影响教学效果，因此，教师在对问题驱动模式进行应用时，为了更好地发挥出问题驱动模式的作用，可创设相应的教学情境，以激发学生的学习兴趣，促进教学工作的顺利开展。在创设相应的教学情境时，教师需对实际情况进行合理分析，创设适宜的教学情境，并在情境中对相应的问题进行适当融入，让学生在活跃的氛围中有效解决相应的问题，以增长学生的学习经验，提高学生的学习能力。在情境的创建过程中，教师将问题分成多个层次，遵循循序渐进的原则，引导学生逐渐掌握各类数学规律，总结经验，完善数学知识结构，这样能够更好地帮助学生进行数学学习。例如，在学习空间中直线与平面的位置关系时，教师可先对教学内容进行合理分析，设置出不同难度的问题。之后教师可通过多媒体对空间中直线与平面的位置关系进行表现，营造出活跃的教学氛围，以激发学生的学习兴趣。之后教师可让学生带着问题进行学习，并加强引导，让学生能够自主进行学习，从难度较低的问题开始逐渐解决一些难度较高的问题，以更好地提高学生的数学水平。

（二）促进学生间的合作

由于学生之间存在一定的差异，所以在思考问题时考虑的方向也不同，在这种情况下，可促进学生之间的合作，优势互补，进而更好地确保教学效果。因此，教师可依据实际情况进行合理分组，鼓励学生进行合作，共同解决相应的数学问题，这样不仅能提高学生的数学水平，而且能增强学生的合作意识。例如，在对圆的方程进行学习时，教师可先对学生进行合理分组，遵循以优带差的原则。之后教师可设置相应问题，鼓励学生合作解决。然后教师再针对学生不懂的问题进行讲解，以更好地帮助学生进行数学学习。

（三）加强学习反思

学习反思是提高学生数学水平的重要方式，所以加强学习反思至关重要。教师须合理分配教学时间，鼓励学生进行反思，并加强引导，提出需改进的地方，以帮助学生增长学习经验。例如，在学习微分中值定理的相关证明时，教师可先让学生自主解决各类问题，并记录不懂的知识。之后教师对一些难点知识进行针对性讲解，鼓励学生做好反思。教师须加强引导，多与学生沟通交流，以提高反思效果，确保教学质量。

在高等数学教学中，由于数学知识具有一定的复杂性，一些教师又不注重与学生的沟通和交流，致使学生的学习积极性不高，难以确保学习效果。问题驱动模式能够激发学生的学习热情，促进学生的自主学习。因此，教师可结合实际情况对问题驱动模式进行合理应用，并加强指导，及时帮助学生解决各类数学问题，以更好地提高学生的数学水平，确保教学效果。

第六节　数学文化观的高等数学教学模式

高等院校肩负着培养新世纪具有过硬的思想素质、扎实的基础知识、较强的创新能力的新型人才的重任。高等数学在不同学科、不同专业领域中所具有的通用性和基础性，使之在高等院校的课程体系中占有重要的地位。高等数学所提供的思想、方法和理论知识不仅是大学生学习后续课程的重要工具，同时也能为学生终身学习奠定坚实的基础。随着高等院校招生规模的不断扩张，学生的基础较以前有明显的下降，导致学生对理论性很强的高等数学课程学习出现许多不尽如人意的地方，这不仅与学生的基础薄弱有关，也与传统的教学模式有很大关系。建构数学文化观下的高等数学教学模式，将数学文化有机融入高等数学教学中，形成相适应的模式体系，不仅使学生获得数学知识、提高数学技能、最终提高学生数学素养，还为学生的终身学习和可持续发展奠定了良好的基础。

一、数学文化与数学文化观下的教学模式

（一）数学文化

文化视角的数学观就是视数学为一种文化并且在数学与其他人类文化的交互作用中探讨数学的文化本质。在数学文化的观念下，数学思维不单单是弄懂数量关系、空间形式，而且是一种对待现实事物的独特的态度，是一种研究事物和现象的方法；在数学文化的观念下，那种把数学知识与数学创造的情境相分离的传统课程教学方式将会被摒弃；在数学文化的观念下，数学教学不再把数学当作是孤立的、个别的、纯知识形式，而是将其融入整个文化体系结构当中。总之，数学作为一种文化，可使数学教育成为造就培养下一代，塑造新人的有力工具。

目前，数学作为一种文化现象已经得到大众的广泛认同，但是，迄今为止，"数学文化"还没有一个公认的贴切定义，很多专家学者都从自己的认识角度论述数学文化的含义。从课程论的角度来理解数学文化，数学文化是指人类在数学行为活动的过程中所创造的物质产品和精神产品。物质产品是指数学命题、数学方法、数学问题和数学语言等知识性成分；而精神产品是指数学思想、数学意识、数学精神和

数学美等观念性成分。数学文化对人们的行为、观念、态度和精神等有着深刻影响，它对提高人的文化修养和个性品质起着重要作用。

（二）数学文化观下的教学模式

在数学文化的观念下，数学教育就是一种数学文化的教育，它不仅仅强调数学文化中知识性成分的学习，而且更注重其观念性成分的感悟和熏陶。数学文化观下的数学教育肩负着学生全面发展的重任，它通过数学文化的传承，特别是数学精神的培育，来塑造学生的心灵，从而最终达到提高学生数学素养的目的。但长期以来，人们总是把数学视为工具性学科，数学教育只重视数学的工具性价值，而忽略了数学的文化教育价值。到目前为止，高等数学教学仍采用以知识技能传授为主的单一教学模式，即把数学教育看作科学教育，主要强调数学基本知识的学习和基本计算能力的培养，缺少对数学文化内涵的揭示，缺少对学生数学精神、数学意识的培养。

数学文化观下的教学模式是一种主要基于数学文化教育理论，以数学意识、数学思想、数学精神和数学品质为培养目标的教学模式。构建数学文化观下的教学模式，就是为了使教师教学有章可循，更好地推广数学文化教育。

二、对高等数学传统教学模式的反思

（一）高等数学现代教学模式回顾

我国是有着两千多年文明历史的国家，在不同的历史时期，教学形式各有不同。新中国成立以来，高等数学教育教学模式经历了多次改革的浪潮。新中国成立初期，受苏联教育家凯洛夫的教育理论的影响，数学课堂教学广泛采用的是"组织教学、复习旧课、讲授新课、小结、布置作业"五个环节的传统教学模式，很多教学模式都是在它的基础上建立起来的。20世纪80年代，开始了新一轮高等数学教学方法的改革，这一时期教学模式的改革主要以重视基本知识的学习和基本能力的培养为主流，并带动了其他有关教学模式的研究与改革。近年来，随着现代技术的进步和高等数学教学改革的不断深入，对高等数学教学模式的研究和改革呈现出生机勃勃的景象。从问题的解决到开放性教学；从创新教育到研究性学习；从高等数学思想和方法的教学到审美教学等，高等数学教学思想、方法和教学模式呈现出多元化的发展态势。现在比较提倡的教学模式有：数学归纳探究式教学模式；"自学—辅导"教学模式；"引导—发现"教学模式；"情境—问题"教学模式；"活动—参与"教学模式；"探究式教学模式"等。研究这些教学模式，能够学习和借鉴它们的研究思想和方法，为基于数学文化观的高等数学教学模式的建构提供方法论支持。

（1）"自学—辅导"教学模式，是指学生在教师指导下自主学习的教学模式。这一模式的特点不仅体现在自学上，而且体现在辅导上，学生自学不是要取消教师的主导作用，而是需要教师根据学生的文化基础和学习能力，有针对性地启发、指导每个学生完成学习任务。"自学—辅导"教学模式能够使不同认知水平的学生得到不同的发展，充分发挥学生各自的潜能。当然，这一教学模式也有其局限性，首先，学生应当具备一定的自学能力，并有良好的自学习惯；其次，受教学内容的限制；最后，还要求教师有较强的加工、处理教材的能力。

（2）"引导—发现"教学模式，主要是依靠学生自己去发现问题、解决问题，而不是依靠教师讲解的教学模式。这一教学模式下的教学特点是，学习成为学生在教学过程中的主动构建活动而不是被动接受；教师是学生在学习过程中的促进者而不是知识的授予者。这一教学模式要求学生具有良好的认知结构；要求教师要全面掌握学生的思维和认知水平；要求教材必须是结构性的，符合探究、发现的思维活动方式。运用这一教学模式就能使学生主动参与到高等数学的教学活动中，使教师的主导作用和学生的积极性与主动性都得到充分的发挥。

（3）"情境—问题"教学模式，该模式经过多年的研究，形成了设置数学情境；提出数学问题；解决数学问题；注重数学应用的较稳定的四个环节的教学模式，模式的四个环节中，设置数学情境是前提；提出数学问题是重点；解决数学问题是核心；应用数学知识是目的。运用这一模式进行数学教学，要求教师要采取启发式为核心的灵活多样的教学方法；学生应采取以探究式为中心的自主合作的学习方法，其宗旨是培养学生创新意识与实践能力。

（4）"活动—参与"教学模式，也称为数学实验教学模式，就是从问题出发，在教师的指导下，进行探索性实验，发现规律、提出猜想，进而进行论证的教学模式。事实上，数学实验早已存在，只是过去主要局限于测量、制作模型、实物或教具的演示等，较少用于探究、发现问题、解决问题等。而现代数学实验是以数学软件的应用为平台，结合数学模型进行教学的新型教学模式。该模式更能充分地发挥学生的主体作用，有利于培养学生的创新精神。

（5）"探究式教学模式"，探究式教学模式可归纳为"问题引入—问题探究—问题解决—知识建构"四个环节。探究式教学模式是把教学活动中教师传递、学生接受的过程变成以问题解决为中心、探究为基础、学生为主体的师生互动探索的学习过程。目的在于使学生成为数学的探究者，使数学思想、数学方法、数学思维在解决问题的过程中得到体现和彰显。

（二）对高等数学传统教学模式的反思

1.教学目标单一

回顾我国高等数学传统教学模式可以发现，其主要的教学目标是知识与技能的培养，重视知识的传授得多，与实际联系得少；关注学生数学知识点的学习，忽视数学素质的培养；强调了教师的主导作用，学生参与得少，使学生完全处于被动状态，不利于激发学生的学习兴趣。这不符合数学教育的本质，更不利于培养学生的创新意识和文化品质。

2. 人文关怀失落

我们不能否认，传统的高等数学教学模式有利于学生基础知识的传授和基本技能的培养，在这种课堂教学环境下，由于太过重视高等数学知识的传授，师生的情感交流就很缺乏，不仅学生的情感长期得不到关照，而且学生发展起来的知识常是惰性的，因而体会不到知识对经验的支撑。这就可能滋生对高等数学学习的厌恶情绪，导致学生对数学的日益疏离，也使一些学生形成了缺乏人文素养和创新素质的理性人格。在这种数学课堂教学中，教师始终占据主导地位，尽管也在强调教学的启发性以及学生的参与度，但由于注重外在教学目标以及教学过程的预设性，很少给教学目的的生成性留有空间。课堂始终按照教师的思路在进行，这种控制性数学教学是去学生在场化的教学行为，在这样的课堂上，人与人之间完整的人格相遇永远退居知识的传递与接受之后。这无疑在一定程度上造成了数学课堂教学中人文关怀的缺失。

3. 文化教育缺失

学习高等数学文化知识不仅能使学生了解数学的发展和应用，而且是学生理解数学的一个有效途径，从而提升学生的数学素质。数学素质是指学生学习了高等数学后所掌握的数学思想方法，形成的逻辑推理的思维习惯，养成的认真严谨的学习态度及运用数学来解决实际问题的能力等。传统的高等数学教育过于注重传授知识的系统性和抽象性，强调单纯的方法和能力训练，忽略了数学的文化价值教育，对于数学发现过程以及背后蕴藏的文化内涵揭示不够；忽视了给数学教学创造合理的有丰富文化内涵的情境，缺少对学生数学文化修养的培养，致使学生数学文化素质薄弱。

三、基于数学文化观的高等数学教学模式的思考

（一）基于数学文化观的高等数学教学目标

数学是推动人类进步最重要的学科之一，是人类智慧的集中表达。学习数学的基本知识、基本技能、基本思想自然是数学教育目的的必要组成部分。数学的发展不同程度地植根于实际的需要，且广泛应用于其他很多领域，所以数学的应用价值也是教育目的的一个重要部分。数学教育的目的是锻炼和提高学生的抽象思维能力

和逻辑思维能力，使学生思维清晰、表达有条理。实现科学价值是数学教育一直不变的目标，但并不是唯一目标。数学的人文价值也是数学教育不可忽视的重要内容。在数学教育中，我们不仅要关心学生智力的发展，鼓励学生学会运用科学方法解决问题，而且要关注培养有情感、有思想的人。同时，作为文化的数学，能够提升人的精神。学习数学文化，能够培养学生正确的世界观和价值观，形成求知、求实、勇于探索的情感和态度。

因此，笔者认为基于数学文化观的高等数学教育，就是要将其科学价值与人文价值进行整合。在数学文化教育的理论指导下，"基于数学文化观的高等数学教学模式"的教学目标为：以学生为基点，以数学知识为基础，以育人为宗旨，在传授知识，培育和发展智力能力的基础上，使学生体验数学作为文化的本质，树立数学作为一种既普遍又独特的与人类其他文化形式同等价值地位的文化形象，最终使学生达到对数学学习的文化陶醉与心灵提升，最终实现数学素质的养成。

（二）基于数学文化观的高等数学教学模式的构建

通过分析上述高等数学教学模式我们发现，虽然现代教学模式已经打破了传统教学模式框架，但是学生的情感态度、数学素质的培养不是其主要教学目标。学习和研究现代教学模式的研究思想和方法，使笔者认识到构建数学文化观下的高等教学模式，并不意味着对传统的教学模式的彻底否定，而是对传统教学模式的改造和发展。这是因为数学知识是数学文化的载体，数学知识和数学文化两者的教育没有也不应该有明确的分界线，因此数学知识的学习和探究是数学教学活动的重要环节。立足于对数学文化内涵的理解，围绕基于数学文化观的高等数学教学目的，通过对高等数学教学模式的反思和借鉴，本人根据多年的教学实践归纳出了"经验触动—师生交流—知识探究—多领域渗透—总结反思"的教学模式。这一教学模式就是在教与学的活动过程中充分渗透数学文化教学，教师活动突出表现为呈现—渗透—引导—评述；学生活动突出表现为体验—感悟—交流—探索。

（三）对本模式的说明

（1）经验触动。学生的经验不仅是指日常的生活经验，还包括数学经验。数学经验是学习数学知识的经历、体验。要触动学生的日常生活经验和数学经验，教学中就要注重运用植根于文化经脉的数学内容设置教学情境，使学生从数学情境中获取知识、感受文化，促进学生对数学的理解，激发学生的学习兴趣和探究欲望。

（2）师生交流是指师生共同对数学文化进行探讨。数学文化教育的广泛性、自主探索与合作交流学习方式各方面都要求师生之间保持良好的沟通。严格来说，"师生交流"不仅指教师和学生的交流，也包括学生和学生的交流。师生交流是模式实施的重点，当然，师生交流不会停留在这个环节，它会充斥于整个课堂教学。

（3）知识探究是数学文化教学的必要环节。数学知识是数学文化的载体，两者是相互促进、相互影响的。在感受数学文化的同时，对相关数学知识进行提炼、学习，就是从另一个角度学习和体悟数学文化，是对数学文化教育的一种促进。

（4）多领域渗透是指教师跨越当前的数学知识和内容，不仅建立和其他数学知识的内部联系，而且能够拓展教学内容，将之渗透到其他学科的各个领域，使学生感受数学与数学系统之外领域的紧密联系，从而使学生深刻地感悟到数学作为人类文化的本质。

（5）总结反思就是对整堂课做回顾总结，加深学生对所学数学知识的理解，加深对所体会的数学文化的印象，也为下次的数学学习积累经验，探寻创新源泉。

本教学模式是一种基于数学文化教育理论，以数学意识、数学思想、数学精神、数学品质为教学目标的教学模式。数学文化氛围浓厚的课堂、数学素养丰富的教师、学生学习方式的转变都是模式实施的必要条件。

四、高等数学教学模式的超越和升华

在进行高等数学的教学设计和教学过程中，具有教学模式意识是对现代教师应有的基本要求，对教学模式的选择，不是满足个人喜好的随意行为，而是根据教学对象和教学内容合理选择的结果。而根据教学对象和教学内容选择适当的教学模式，也不是生搬硬套，将某种教学模式简单地移植到教学中，将教学模式"模式化"，使教学模式变成僵死的条条框框，对教学模式的改造、创新和超越，才是创新教育的本质。

高等数学的课堂教学是一个开放的教学系统，课堂活动中学生的任何微小变化或不确定的偶然事件的发生，都可能导致课堂教学系统的巨大变化，这就需要教师实时、恰当地对教学方案做出调整。教学过程中的这种不确定性表明，教师需要运用教学模式组织教学，但更要超越教学模式。在教学过程中能灵活运用教学模式、并超越教学模式便是成熟、优秀的数学教师的重要标志。因此，成功的选择、组合、灵活运用教学模式，不受固定教学模式的制约，超越教学模式，走向自由教学，最终实现"无模式化"教学，就是优秀的高等数学教师追求的最高境界。

第七章　高等数学课程教育改革

第一节　高等数学教学改革

高等数学如何适应中学数学改革与社会进步的要求，进行高等数学书籍与教学改革，是高等数学教育必须面对的问题。

一、教学改革的背景与现状

高等数学又称高等应用数学，即工程技术、经济研究中能用得上的数学，它是工程技术与数学相互交叉的一个新的跨学课领域，通常包括微积分、概率、统计、线性代数等，在工程技术与经济中的应用十分广泛，是学好专业课、剖析工程与经济现象的基本工具。高等数学要适应中学数学改革与社会进步的要求，高等数学课程改革势在必行。

（一）教学观念陈旧

教学观念陈旧，首先过分强调逻辑思维能力培养，而使高等数学变成纯而又纯的数学，这一点在现行统编书籍中有充分体现。其次过分强调计算能力的培养，从而导致高等数学陷入计算题海。适当计算不是不可以，而过多的计算则毫无必要（因为有了计算机），如高等数学中极限、积分、组合数、平均数、标准差、平方和分解、相关系数、回归系数、方程的求解、矩阵的运算等计算，高等数学中凡是涉及数值计算的，均只讲概念与方法，具体计算可以让计算机完成。陈旧的数学观念，导致培养出的人才规格降低，高分低能现象严重。

（二）教学方法落后

教学方法是关系到教学效果的重要因素，对高等数学而言，教学方法的改进尤为重要。现在采取的"定义—定理—例题—练习"的讲授形式，实质便是"填鸭式"

教学。西方国家的教学比较重视高等数学思想和方法的交互，具有启发性。运用启发式教学方法，启发学生主动学习，主动思考，主动实践，教给学生以猎枪而不是猎物。

（三）书籍编写过时

1. 教学内容简单陈旧，缺少现代内容。在我国，书籍的编写和使用都带有计划经济的特点，书籍的编写统一，使用统一。由于编写书籍的均为数学专家，带有数学专业工作者的特性，不具有广博的经济知识，只追求理论性、完整性，使高等数学变成阳春白雪。例如讨论幂指类型函数连续性、可导性、求极限等，在经济学中几乎找不到它的应用。高等数学的书籍重点应放在概念的产生背景或使用方法的介绍上。

一味追求数学的逻辑性、严密性、系统性，使一本很具特色的书变成抽象的符号语言集成，使学生怕数学，头疼数学，怕繁难的数学计算和深奥的逻辑推理。

2. 数学与专业应用脱节。多年来，高等数学书籍，基本上是公共数学书籍的再简化，内容与专业严重脱节，过多地强调一元显函数的极限、导数、积分。比如，三角函数作为纯理论数学是不可缺少的。在物理学中的应用也是深入的，但在经济领域几乎找不到它的应用，而在高等数学里却花了很多的精力去介绍。用得上的数学知识又没有介绍，比如，银行存款问题、彩票问题、投资风险问题、优化决策问题等。

（四）教学手段简单

一支粉笔、一块黑板，是许多教师教学的真实写照。实践已经说明，凡是能用粉笔在黑板上做的，多媒体都能做到。

由于现代科学技术的进步，社会需要更多的具有现代数学思维能力与数学应用意识的人才，无论是从时代发展的要求，还是适应经济生活改革的需要，高等数学教育都已经到了非改不可的程度。

二、教学改革的内容

高等教育是职业教育的高等阶段，是另一种类型的教育。高等人才的培养应走"实用型"的路子，而不能以"学术型""科研型"作为人才的培养目标。高等数学教育更不同于普通高校数学系学生的高等数学教育，不应过多强调其逻辑的严密性、思维的严谨性，而应将其作为专业课程的基础，强调其应用性、学习思维的开放性、解决实际问题的自觉性。

（一）数学教学方法的改革

注重教学实际需要，尊重易教易学的原则。为了缓解课时少与教学内容多的矛盾，应该恰当把握教学内容的深度与广度。各专业的高等数学课程教学要求基本相当，宜采用重点知识集中强化，与初等数学进行衔接、新旧结合的方法帮助学生学好新知识；要注意取材优化，既介绍经典的内容，又渗透现代数学的思想方法，体现易教易学的特点。对难度较大的理论，应尽可能显示高等数学的直观性、应用性，对高等数学的一些难点，比如极限的内容，要重新审视，要重极限思想而淡化计算技巧。局部内容，要采用新观点、新思路、新方法，例如局部线性化的方法。强调直观描述和几何解释，适度淡化理论证明及推导，以便更好地适合施教对象，同时还要适度注意高等数学自身的系统性与逻辑性。

（二）注重方法，凸显思想

数学思想是对数学知识和方法本质的认识，是学生形成良好认知结构的纽带，是由知识转化为能力的桥梁；数学思想方法是数学的精髓。因此，从一定意义上来说，学数学就是要学习数学的思想方法，要特别重视数学思想的熏陶和数学知识的应用。"做中学，学中悟，悟中醒，醒中行"能为广大读者带来学数学的轻松、做数学的快乐和用数学的效益。在数学教学中，要提示知识的产生背景，能使学生从前人的发明创造中获得思想方法。结合学生实际与专业的特点，引进和吸收新的教学方法，如案例式、启发式等教学方法，融入数学建模与教学，充分调动学生的积极性。教给学生正确的思想和方法，无疑就是交给学生一把打开知识大门的钥匙。

（三）纵横联系，强化应用

学高等数学知识，归根结底是应用数学方法去解决实际问题。如不具备应用能力，那么只能在纯数学范围内平面式地解决问题。不能只注重纯而又纯的数学知识教学，应重视数学知识的实际应用，如工程数学、金融数学、保险数学，让高等数学名副其实地带上知识经济时代的烙印。要纵横联系，强化应用，例如，定积分与概率密度函数，二元线性函数的最值与线性规划，最小二乘法与回归方程之间的联系与实际意义，这样可有效地化解教学难点，提高学生的应用能力。

（四）以问题为中心开展高等数学教学

数学教学应围绕"解决现实问题"这一核心来进行。注重学生应用能力的培养或强调高等数学在经济领域中的应用已成为各发达国家课程内容改革的共同点。我国在高等数学内容上遵循"实际问题—数学概念—新的数学概念"的规律，而西方国家在处理高等数学内容上则遵循"实际问题—数学概念—实际问题"的规律，显然二者归宿点不同。从问题出发，借助计算机，学生亲自设计和动手，能够体验解决问题的过程，从实验中去学习、探索和发现数学规律，从而达到解决实际问题的目的。数学实验课的教学与过去的课堂教学不同，它把教师的"教授—记忆—测试"的传统教学过程，变成"直觉—探试—思考—猜想归纳—证明"的过程，将信息的单向交流变成多向交流。

要针对现代学生的身心特征，以问题为中心开展经济高等教学。选编学生身边的数学问题，比如，由彩票问题引出概率的概念，由规划问题引出方程组的概念，由工资表问题引出矩阵的概念，由企业追求最大利润或最小成本问题引出函数极值的概念，由计算任意形状平面图形面积的问题引出定积分的概念，等等。教学中，可以更多地告诉学生"是什么""怎么样做"的知识，至于"为什么"，可以等到时机成熟时再去教。

（五）注意引入现代计算机技术来改进教学

运用现代化的教学手段，不仅可以增大教学信息量，拓宽认知途径，还可以渗透数学思想，凸显数学美，因而运用多媒体教学具有重要的意义。为此，就要提高教师掌握现代教育技术的本领，使其能够制作多媒体课件，用直观的课件内容来描述需要做出的空间想象。另外，教师还要充分利用校园网和互联网，开展网上授课和辅导，实现没有"粉笔与黑板"的教学，做到化繁为简、化难为易、化抽象为具体、化呆板为生动，实现以教师为主导、以学生为中心的教学方式，促进教师指导下的学生自主学习氛围和环境的形成。

三、编写富有职业特色的高等数学书籍

吸取国内外优秀书籍的经验，选取由浅入深的理论体系，使课程易教易学。在国外，书籍的编写充分体现面向实用，面向工科、经济学科的特点，多数数学知识应用的介绍以阅读方式出现，这些材料内容广泛，形式各异，图文并茂，有生动具体的现实问题，还有现代高等数学及其应用的最新成果。书籍的每个章节，还安排与现实经济世界相结合，并有挑战性的问题供学生讨论、思考、实践，让学生感受到数学与经济学科之间的联系。高等数学书籍的编写应借鉴国外经验，鼓励教师将最新研究成果、先进的教学手段和教学方式、教学改革成果等及时纳入编写的书籍之中，力争使出版的书籍内容新、数据新、体系新、方法新、手段新。

结合高等学生的特点，注重概念的自然引入和理论方法的应用，注意化解理论难点，便于学生理解课程中抽象的概念及定理，尽量弱化过深的理论推导和证明。在形式和文字等方面要符合高等教育教学的需要，要针对高等学生抽象思维能力弱的特点，突出表现形式的直观性和多样性，做到图文并茂，激发学生的学习兴趣。例如，降低微分中值定理的要求，用几何描述取代微分中值定理的证明，降低不定

积分的技巧要求，适当加强向量代数与空间解析几何，以及多元函数微积分的部分内容，较好地满足专业课对高等数学的要求。

结合工程、经济管理类等专业的特点，广泛列举在工程经济方面的应用实例。数学概念尽可能从工程、经济应用实例引出，并能给出经济含义的解释，使学生深刻理解数学概念，建立数学概念和工程、经济学概念之间的联系，逐步培养工程、经济管理类学生的数学思维方式和数学应用能力。配备贴近现实生活和工程、经济管理学科方面的生动活泼的习题。例如，概率统计在经济领域的最新应用成果，二项分布在经济管理中的应用，损失分布在保险中的应用，期望、方差在风险决策或组合投资决策方面的应用。

将数学建模的思想与方法贯穿整个书籍，重视数学知识的应用，培养学生应用数学知识解决实际问题的意识与能力。以数学的基本内容为主线，重点讨论工程、经济管理科学中的数学基础知识，数学与工程、经济学、管理学的有关内容进行有机结合。例如，在微积分中，要以函数、极限、导数、微分方程、差分方程为主线，以简单的经济函数模型、复利和连续复利、边际、弹性（交叉弹性）、经济优化模型、基于积分的资金流的现值和将来值（以连续复利为基础）、基于级数的单笔资金的现值和将来值、经济学中的各种基本的微分方程和差分方程模型的建立和求解为次线的课程体系，突出微积分的基本方法——逼近方法、元素法、优化方法及其经济应用，适当介绍工程、经济、金融、管理、人口、生态、环境等方面的一些简单数学模型。

设计实验课题。在计算机相当普及和计算机技术日益发达的情况下，高等数学书籍要结合计算机应用软件，这样既可以让学生掌握运用计算机处理问题的能力，也可以缓解内容充实与课时不足的矛盾。结合数学实验 MATLAB 软件在高等数学中的应用，把数学软件的使用融合进书籍，尝试将高等数学的教学与计算机功能的利用有机结合起来，为了提高学生使用计算机解决数学问题的意识和能力。

第二节　高等数学的教学内容与模式改革

高等数学课程是高等院校一门重要的公共基础课程，它不仅为学生学习后继课程和解决实际问题提供了必不可少的数学基础知识和数学思想与方法，而且为培养学生思维能力、分析解决问题的能力和自学能力以及为学生形成良好的学习方法提供了不可多得的素材。

一、教学内容由理论数学到应用数学的改革

长期以来，在高等数学的教学中，讲究严密性、系统性、抽象性。在教学内容上，重经典轻现代，重理论轻应用。由于学时少、内容多，经常是师生一起赶进度，没有或很少涉及数学在各专业学科的应用，即使一般的数学应用也不多，有也只局限于物理和几何方面，没有反映现代数学的观点在更多领域内的广泛应用。高等数学课程的教学改革应该从高等教育特定的培养目标出发，重视基本知识与基本理论的学习与讲解，注重与专业的结合，使教学内容更好地与专业相联系，为后继专业课程服务。

二、改进教学方法与教学手段，提高教学质量

传统高等数学的教学更多的是关注教师如何教，忽视学生的学，过分重视知识的灌输，忽视了学生学习主动性与创新能力的培养。因此，在教学过程中，对高等数学课程教学采用研究型教学法，改变"传授式"教学模式，真正把学生作为教学的主体，引导学生去思考、去探索、去发现，鼓励学生大胆地提出问题，激发学生的学习兴趣，增强学习的主动性。在授课过程中，采取多种学生易于接受的授课方式，如让学生自学、进行课堂提问和讨论，让学生到黑板上做题和讲解等，这些对于丰富课程教学方法、激发学生的学习兴趣都是很有利的。

同时，每学期不定期地布置几道和专业相结合的简单的数学建模方面的题目，让学生在课余时间分组完成，以论文的形式交给任课教师批阅。当然，任课教师也可以和专业课教师一起批阅，发现论文中的闪光点。教师可以从中选取独特的解题方法教给学生，这比教师讲题更引人入胜，必要时可让学生讲解自己的解题思路。这样，学生在学习知识的同时，也在领悟一种思维方法，学生学到的知识不仅扎实，而且能够举一反三，运用自如，体验到学习的乐趣所在。

另外，组织数学课外兴趣小组，小组中的成员可以经常在一起讨论学习过程中遇到的难题，及时向教师反映学习情况，讨论数学建模的方法与思路。这对带动全班学生学习数学的积极性，同时培养一支优秀的数学建模队伍都是很有帮助的。

在教学手段上，传统的高等数学课程的教学都是黑板、粉笔、教案三位一体的形式。在计算机技术迅猛发展的今天，这种教学手段显然是不合时宜了。因此，在课堂教学中，将传统的教学模式与多媒体教学结合起来，通过多媒体课件将抽象的概念、定理通过动画、图像、图表等形式生动地表示出来，这样既易于学生理解和掌握，又解决了数学课堂信息量不大的难题，形成了数学教学的良性循环。

数学实验也是高等数学教学的一种全新的模式，是一种十分有效的再创造式数学教学方法。数学实验有助于学生探究、创新能力的培养，加强数学交流，培养合作精神，强化数学应用意识。

三、考核方式的改革

考试作为督促学生学习、检验学习情况的有效手段，是必不可少的。以前，高等数学课程的考核方式是以期末一次性考试为主。这种考核方法造成了很多学生"突击式"学习。期末考试压力大，知识掌握得肤浅，没有学习积极性。因此，对考核方式进行逐步的改革，加强对学生平时学习的考核力度很有必要。

教学过程中，对学生的到课情况和平时作业的完成情况进行考核，分别占有一定的比重。另外，学生在学习过程中完成的数学小论文也列为考核范围之内。这样就降低了期末考试在高等数学课程成绩中所占的比重，避免学生学习的前松后紧和期末考试定成败的局面，减轻了学生期末考试的压力，从单纯考核知识过渡到知识、能力和素质并重。

四、新时期高等数学的教学内容与课程体系改革初探

高等数学是理工科类各专业的一门必修的基础理论课，在高等教育大众化的形势下，由于其枯燥性和高度的抽象性，学生学习比较困难。本文从教学内容、课程体系、教学方法等方面探讨高等数学教学改革的重要性，以及如何进行高等数学教学改革，如何提高教学质量和学生学习兴趣等问题。

高等数学是高等院校理、工、医、财、管等各类专业的一门基础理论课，其涉及面之广仅次于外语课程，可见该课程的重要。随着现代科学技术的飞速发展和经济管理的日益高度复杂化，高等数学的应用范围越来越广，正在由一种理论变成一种通用的工具，高等数学的教学效果直接影响着大学生的思想、思维及他们分析和处理实际问题的能力。如何改进教学内容，优化教学结构，推进教育改革向纵深发展，使学生在有限的课时内学到更多、更有用的知识，是新时期我国高等数学教学改革的一大课题。结合我国高等学校（非重点院校）的实际情况，新时期内高等数学教学改革应该从以下几个方面进行：

（一）优化教学内容，改进教学方法

基础理论课的教学应该以"必需、够用"为度，以掌握概念、强化应用为重点，这是改革的总体目标。一般普通高等学校（非重点院校）培养的大多是生产一线的员工，因此，高等数学书籍应是在"以应用为目的，以必需、够用为度"的原则上

编写的，必须强调理论与实际应用相结合。教学中应尽量结合工程专业的特点，筛选数学教学内容，坚持以必需、够用为度。多介绍数学特别是微积分在专业中的应用；多出一些有工程专业背景的例题、习题；多一些理论联系实际的应用题；多开展一些课堂讨论以利于调动学生的主动性和创造性。通过以上一系列手段或方法的运用，调动学生学习数学的积极性，提高对高等数学课程重要性的认识，逐步培养他们灵活运用数学方法去分析和解决实际问题的能力。

（二）紧跟时代步伐，采用多种教学方法

计算机的出现使人们的科研、教育、工作及生活均发生了重大改变。电子计算机的强大计算能力使数学如虎添翼。过去手算十分困难和烦琐的数学问题，现在用计算机可以轻而易举地解决；过去许多数学工作者津津乐道的方法、技巧在强大的计算机软件系统面前黯然失色。当前，如何使用和研究计算机推进数学科学发展，深化数学教学改革，是新时期高等数学教学内容、教学方法、教学手段的改革和实践的一个新课题。因此，应当把计算机软件引进数学书籍，引入高等数学的课堂教学中。正如汽车司机不必懂汽车制造技术一样，只要能开车，照样能发挥其巨大的作用。有了计算机软件系统和"机器证明"方法，教学过程中繁重的演算方法减少了，还可以引入新的数学知识和数学方法，扩大学生的知识面。同时，概念的教学将会加强，数学建模能力将更重要，创新能力的培养将更突出，传统的教学内容和教学方法将逐步改变。

（三）以学生为中心，着重创新能力的培养

培养创新能力是 21 世纪教育界的一大课题。因此，必须在数学教学中强调培养学生的创新精神和创新能力。传统单一的满堂灌、保姆式的课堂教学，容易造成学生对教师的依赖，不利于调动学生的主观能动性，更不利于激发学生的创造性思维。培养学生的创新意识和创新能力不仅可以活跃课堂气氛，而且有利于激发学生的学习热情。数学本身包含着许多思维方法，如从有限到无限、从特殊到一般、归纳法、类比法、倒推分析法等，其本质都是创造性思维方法。首先必须培养学生对实践的兴趣。作为未来的学生，应该有从丰富的日常生活中和工程实际中发现问题、研究问题、解决问题的兴趣。在这里，引入数学建模的思想与方法是十分有用的。"今天，在科学技术中最有用的数学研究领域是数值分析和数学建模。"数学建模，就是对一般的社会现象（如工程问题）运用数学思想，由此及彼，由表及里，抓住事物的本质，培养学生的创造性思维，运用数学语言把它表达出来，即数学模型。而在建模过程中需要用到计算机等其他学科的知识，对那些实际问题在一定的条件下进行简化，并与某些数学模型进行类比联想，增强综合运用知识和解决实际问题的能力。在数

学建模过程中学生能够经历研究实际、抓住事物的主要矛盾、建立数学模型、解决问题的全过程，从而提高对实践的兴趣。因此，在数学教学中应介绍数学建模的思想、方法。其次，在数学教学中，向学生传授科学的思维方法，应成为数学教师的一项特别的工作，成为数学教师的教学任务和教学内容。

高等数学的改革是一项十分复杂的系统工程，而面向 21 世纪的高等数学的教学内容和课程体系、教学方法和教学手段的改革，值得探讨的问题很多，希望诸位同行都来重视并研究这个问题。

五、文科高等数学教学内容改革初探

数学教育在大学生综合素质的培养中扮演着十分重要的角色。近年来众多高校的非经济管理类文科（以下简称文科）都开设了高等数学课程。然而，在教学中出现的问题有：文科高数基本上是理工类高数的压缩和简化，普遍采取了重结论不重证明、重计算不重推理、重知识不重思想的讲授方法。学生虽然掌握了一些简单的知识，但是在数学素质的提高上收效甚微，而数学基础较差的那些文科学生，既谈不上对知识真正地理解和掌握，更谈不上数学素质的提高。因此，文科高等数学教学改革是提高学生素质的重要工作。

文科高数开设刚起步的院校，在书籍选择、教学内容、教学方法上，都需要进行不断的探索和改进。文科高等数学的内容和结构如何突破传统的高等数学课程，使其具有明显的时代特征和文科特点；怎样把有关数学史、数学思想与方法、数学在人文社会科学中的应用实例等与有关的高等数学的基本知识相融合，使其体现文理渗透，形成易于为文科学生所接受的书籍体系是值得我们认真研究的。

（一）文科高等数学教学的目的和要求

数学作为一门重要的基础课，对培养人才的整体素质、创新精神，完善知识结构等方面的作用都是极其重要的。因此开设文科高数的目的和要求有以下两点：

1. 使学生了解和掌握有关高数的初步的基础知识、基本方法和简单的应用。

2. 培养学生的数学思维方式和思维能力，提高学生的思维素质和文化素质。

在这两方面中，前者可以提高文科大学生的量化能力、抽象思维能力、逻辑推理能力、几何空间想象能力和简单的应用能力，为学生以后的学习和工作打下必要的数学基础。后者是前者的深化，通过数学知识的学习过程学生可以培养数学思维方式和思维能力，提高思维素质，培养学生"数学方式的理性思维"。这些对提高他们的思维品质、数学素质有着十分重要的意义。

当代大学生应做到精文知理，努力把自己培养成应用型、复合型的高素质人才。

另外，从现实生活来看，一个人也要有一定的观察力、理解力、判断力等，而这些能力的大小与他的数学素养有很大关系。当然学习数学的意义不仅是使数学可以应用到实际生活中，而且是进行一种理性教育，它能赋予人们一种特殊的思维品质。良好的数学素质可以促使人们更好地利用科学的思维方式和方法观察周围的事物，分析解决实际问题，提高创新意识和能力，更好地发挥自己的作用。

（二）文科高等数学教学内容改革的原则

对文科学生来说，数学教育不是为了培养数学研究者，主要是让他们掌握数学思想和数学思维方式。因此，选择的教学内容应以掌握和理解数学思想、提高数学素质为原则。

1. 知识的通俗性原则。文科数学所涉及的知识要使学生易于接受，数学既是一种强有力的研究工具，又是不可缺少的思维方式。文科数学不能像理工科那样要求有高度抽象的理论推导，应在不失数学严谨性的情况下，应照顾文科大学生的特点，做到严谨与量力相结合。

2. 书籍的适用性原则。学习的数学知识对文科学生来说应既具有一定的理论价值，又具有一定的实用价值，要真正使学生能够掌握数学运算的实用性理论和工具，如统计数据的处理、图表的编制、最佳方案的确定等，使文科大学生成为合格的理智性人才，更好地适应社会的需求。

3. 内容的广泛性原则。文科高数应当是包含众多高数内容在内的一门学科，是对文科学生进行以知识技术教育为主，同时兼顾文化素质和科学世界观方法论教育的综合课程。内容选取上像微积分、线性代数、概率统计、微分方程等初步知识，应是文科大学生熟悉并初步掌握的。

4. 相互联系的非系统性的原则。数学是一门逻辑性很强的学科，每一分支的内容都具有较强的系统性和逻辑性。但文科高数受学习对象及实际需要的限制，其内容之间存在一定的相互联系，但非系统，所以应把它作为一门文化课来看，不必追求系统和严密，目的是让学生学会用高数的方法思考和处理实际问题。

（三）文科高等数学教学内容的探索

文科数学的教学目的是提高大学文科生的数学素质，所以在选取教学内容的时候，教师应尽量体现数学在文科学习中的地位，使其适合文科学生的特点和知识结构，将知识、趣味、应用三者有机地结合起来。语言通俗易懂，便于学生阅读；内容相对浅点，知识覆盖面大点；让学生掌握活的数学思想、方法和基本技巧。教师既要使学生学会，又要使学生真正理解数学思想的精妙之处，掌握数学的思考方式，使其具有良好结构的思维活动，具有科学系统的头脑，提高综合应用能力。例如，微积分的内容可有函数，一元函数微分学、积分学；线性代数的内容可包含行列式、矩阵、线性方程组等；概率的内容有随机事件及概率，随机变量及分布，随机变量的数字特征。除这些内容外，阅读材料还适当增加一些数学思想方法、数学文化等方面的知识，让文科学生对数学有更广泛的理解。

对各部分内容的处理，改变传统的教学方式。例如，极限定义改变以往过多讲述、分析的做法，通过实例描述定义，使学生充分理解极限思想方法的实质，了解其思想方法的价值，真正体会极限思想的重要性和广泛性；对中值定理的推证，突出几何特征的说明，通过分析，减少了抽象性，加强了直观性，以拉格朗日定理为主线，使学生理解几个中值定理之间的关系。线性代数主要阐明矩阵与行列式、矩阵运算与线性方程组之间的联系与区别，行列式计算只要求掌握简单的方法，降低运算的难度和分量，加强矩阵在解线性方程组的作用和典型例子解法思路的分析，等等。这样处理可使学生学得好一点，真正提高教学效果。

当前是信息技术发展迅速的时代，计算机技术的发展为数学提供了强大的工具，使数学的应用在广度和深度上达到了前所未有的程度，促成了从数学科学到数学技术的转化，成为当今高科技的一个重要组成部分和显著标志。数学教育必须跟踪、反映并预见社会发展的需要，大学文科的数学教育也应如此。文科学生选学一些适当的数学实验，通过亲自动手，可以提高对数学的兴趣，有助于培养数学素养。

第三节　初等数学与高等数学课程及教学一体化的教育教学模式

作为一门研究空间和数量之间关系的学科，数学理论的发展和教育一直是人们关注的重点。我国将数学知识按照难度，划分成了几个部分，根据不同阶段教学的要求，学习特定的数学知识。目前我国的初高等数学教学中，两者之间的联系较少，在一定程度上导致了数学教学效果较差，根据目前初高等数学教学的实际情况，有关部门有针对性地提出了构建初高等数学教学一体化模式的措施。

一、数学教学简述

素质教育等教育理论的形成和完善对深化数学教学改革起到了积极的指导作用，广大数学教育工作者在数学教育改革方面做了较为深入的探索和实践，在数学教育、课程体系与教学内容、高等数学教学论等方面取得了许多成果，这无疑对高等数学教学质量的提高、高素质人才的培养起到了积极的推动作用。但由于初等数学教学与高等数学教学衔接的问题往往被人们所忽视，是人们不愿意做的边界面工作，因此大学的数学教学必须在内容和方法上相应地加以改革。

（一）数学教学的现状

考虑到数学自身的重要性，目前我国将数学作为一门基础学科放到了各个教学阶段中，在中考和高考两个重要的考试中，数学都是主要的科目之一，虽然根据文科学生的实际情况，数学的难度会有所降低，但是其重要性依然得到了体现。通过实际的调查发现，虽然数学在考试中具有非常重要的位置，学生在日常的学习过程中，对其足够重视，但是数学的教学内容都是纯理论的知识，学习起来比较枯燥，因此学生普遍学习效率较低。目前我国的初高等数学教学中，大多还采用传统的教学方式，即教师在课堂上，利用黑板和简单的教学设备，对书籍上的知识点进行讲解，然后学生对这些知识进行记录和理解，要想深入地理解这些内容，必须背诵大量的定理和规律，而要想答对数学问题，还要能够对这些定理进行灵活的应用，所以很多学生即使能够记住数学定理，也不一定能够答出试卷上的问题，这使得很多学生对数学产生了厌恶的情绪，严重地影响了学生们的学习效率。

（二）数学教学的特点

与其他学科一样，数学教学内容虽然理论性很强，但也是来自实践的一门学科，但是在我国应试教育的模式下，很多教师和学生认为，升学才是学习的目的，因此在实际的教学过程中，很少会将知识联系到实际，而是与历届的考试题相联系，通过题海战术，来提高学生们的答题能力。在这种背景下，数学教学也开始向答题技巧转变，如在目前的数学教学中，对于定理等知识的讲解，教师都会结合一些例题，通过解决试卷上问题的方式，来强化学生们应用这个知识解题的能力。教育的目的是为了培养学生的综合素质，而不是将学生变成答题的机器，随着时代的发展，很多人都看到了应试教育的弊端，并在我国实际教育情况的基础上，针对性地提出了素质教育的概念，希望通过提升学生的实践能力，从而达到教育的真正目的，但是受到各方面因素的影响，素质教育在我国还没有得到全面的推广，只是在一些经济比较发达的地区，进行试点的应用，因此目前我国数学教学的特点，主要还是针对学生答题能力的培养。

（三）数学教学的作用

与语文和英语学科一样，数学自身并没有太多的实际意义，更多的是为其他学科提供一种工具，如在高校的教育中，所有理科专业知识的学习，都会涉及数学知识，而且专业知识学习得越深入，涉及的数学理论越多，甚至在很多文科专业中，也会涉及数学知识。在人们的日常生活中，数学知识的应用更是随处可见，如资金的计算等，由此可以看出，数学知识的学习，对于日常生活和其他学科的学习，都有非常重要的意义。数学教学作为培养数学知识的途径，一直都受到人们的重视，尤其是在信息和电子行业非常发达的今天，从本质上来说，计算机等电子行业就是建立在数学基础上的，电子设备使用的中央处理器，都是通过二进制中的 0 和 1 来表示电路的通、不通两种状态。

二、初高等数学教学之间的关系

教育意义下的初等数学和高等数学是依据教育的发展历程和教育的等级加以区分的，即把普通初等教育阶段的数学的主要内容作为初等数学，把高等教育阶段的数学的主要内容作为高等数学。当然，由于社会和教育的思想、方法、方式尤其是教育内容都在不断发展，"初等数学"和"高等数学"也是一个变化的对象，两者没有严格的概念区别。事实上，数学科学是一个不可分割的整体，它的生命力在于各部分之间的有机联系，这就需要深入研究初等数学和高等数学，理清其中最基本的思想和方法，努力寻求初等数学和高等数学的结合点。

（一）初高等数学教学的差异

高等数学教学放在初级数学教学后，说明两者在难度上具有一定的差异，而且在高等数学教学的过程中，会用到很多初级数学的知识。初级数学教学内容比较简单，涉及的理论内容也比较少，通过实际的调查发现，目前我国的初等数学中，难度最深的就是二元二次方程组的求解，没有矩阵和线性代数的知识，在几何方面都是在二维平面空间内，对一些规则的几何图形进行分析，因此对于高等数学来说，初等数学是基础也是工具，如果没有初等数学的学习，也就无法学习高等数学。作为初等数学的延伸，虽然都属于数学教学的范畴，但是由于教学的环境发生了变化，因此这种延伸关系并没有在实际的教学中得到体现，如在中学的教学中，教师占有主导地位，属于灌输式的教学，而且在升学的压力下，学生不得不学习初等数学知识。而在高校中进行的高等数学教学，采用的是自主式学习，学生占据主导地位，课堂教学时间比较短，大部分的时间需要学生自己去学习，没有了升学的压力后，很多学生都会失去学习的动力，为了应付期末考试而进行一些针对性的复习。

（二）初高等数学教学的联系

初等数学作为高等数学的基础，在教学上呈现出一种"倒金字塔"的关系。虽然下层比较简单，但是如果基础不够牢固，那么整个体系就很难保持稳定，如果底层出现了断层，显然就无法继续以后的学习。由此可以看出，初等数学对高等数学的重要性，这符合客观的发展规律，要想对某一学科进行深入的研究，必须具有牢固的基础知识。但是通过实际的调查发现，目前我国的初高等数学教学还处于独立的阶段，相互之间的联系很少，如在初等数学的教学中，由于学生的知识水平较低，虽然听过微积分、矩阵等名词，但是对其具体的概念了解很少，而在高等数学的教学中，教师认为学生能够进入到高校中学习，在高考中数学成绩必然较好，具有良好的数学基础，因此只进行高等数学的教学，很少会涉及初等数学的知识。这样独立性的教学方式，已经无法适应现在数学教学的需要，在素质教育的理念下，应该对课程内的知识进行最大的扩展，而在高校的数学教学中，应该考虑到学生偏科的问题，有些学生的数学基础较差，其他学科较强，因此总分可以进入到高校中，但是已有的数学基础对很多高等数学知识，都无法进行很好的理解。

三、构建初高等数学教学一体化分析

教学内容在很大程度上决定了教师的教和学生的学，对教学质量的提高起着关键作用。教学内容的衔接要通过改革从整体上解决，它要适应时代的需要，反映时代的特征，同时又要适应学生身心发展的规律，前后衔接、循序渐进。

（一）初高等数学教学一体化的概念

作为数学教学中的不同阶段，初高等数学之间有着很深的联系，受到目前独立教学的影响。很多学生的数学知识学习，容易出现断层等问题。根据这种情况，一些专家和学者提出了初高等数学教学一体化的概念，希望在教学上，最大限度地体现出二者的关系，从而让学生在学习初等数学的同时，尽量多地了解到高等数学知识，为以后的学习打下良好的基础，而在高等数学的教学中，尽量带领学生复习初等数学的知识，学生在学习新知识的同时，可以复习旧的知识。这样的教学方式，显然更加科学、可行。不但能够提高学生整体的数学知识，还能够有效地解决高校中数学基础较差的学生学习困难的问题。对于初高等数学教学一体化的概念，目前还没有一个统一的认识，如果要进行一体化的教学模式，需要中学和高校的教师进行协同，考虑到我国的学生数量巨大，而且分布比较分散，因此很难进行。在这种背景下，要想实行初高等数学教学的一体化，只有教育部门出台一些制度，对中学和高校的数学教学工作进行引导，让高校中的教师和中学教师产生默契，逐渐形成初高等数学教学一体化的模式。

（二）影响构建初高等数学教学一体化的因素

教学模式的改革是一个实际的问题，涉及的因素较多，如要想构建初高等数学教学一体化模式，首先需要初等数学和高等数学的教师配合，而在实际的教学中，两个教师处于不同的学校，甚至处于两个不同地区，如果这两个地区的经济、文化发展水平具有较大的差异，那么在教学上的侧重点，也必然会有一定的差异。因此影响初高等数学教学一体化模式建立的最大因素，就是教师自身素质的问题，如在初等数学的教学中，教师要想扩展一定的高等数学知识，教师必须具有足够的知识，如果教师的高等数学水平较低，显然就无法完成这个工作，尤其是经济水平较低的地区，教师的自身水平较低，经过了多年的初等数学教学，很多高等数学的知识都忘记了，不能帮助学生进行高等数学知识的扩展。而高校中的教师，认为自己教的是高等数学，学生应该拥有一定的数学基础，而且自己虽然能够很好地运用初等数学知识，但是要想对这些知识进行讲解，教师并没有什么经验，所以也不愿去刻意地带领学生复习这些知识。此外，教学基础设施的建设情况、书籍的选择等，都会在一定程度上影响初高等数学教学一体化的构建。

（三）构建初高等数学教学一体化的措施

要想在实际的数学教学过程中，构建一体化的初高等数学教学模式，首先国家的教育部门应该从政策上进行引导，由于初高等数学教学的场所不同，而且我国的地域面积较大，不同地区的经济水平有很大的差异。不同学校之间缺乏有效的联系方式，如果教育部门能够根据我国教育的实际情况，有针对性地制定一些引导政策，对初高等数学教学进行规范，就能使不同教师的教学具有一定的联系。此外，还可以在素质教育的理念下，对学生的数学能力进行培养，在实际的课堂教学中，尽量扩展学生的知识面，以满足学生的好奇心，同时也是构建初高等数学教学一体化的一部分，而要想达到这个目的，应该保证教师具有足够的专业素质，所以教师必须定期接受培训，学习最新的数学教学理念，对于经济水平较低的地区，政府部门应该通过国家拨款等形式，对教学基础设施的建设，给予足够的重视，只有这样从各个方面同时采取一定的措施，才能够构建一个完善的、科学的初高等数学教学一体化模式。

第八章　高等数学教学应用

第一节　多媒体在高等数学教学中的应用

计算机的普及以及计算机自身方便、形象性强、传递信息量大等优点，非常符合现代的高校教学的特点，可以完美融入现代高校的教学中，为广大师生所接受。但世界上似乎有条永恒的定理，即"任何东西的存在都是一把双刃剑"，即使方便如多媒体的存在，也存在着诸多问题，比如，对多媒体的操作错误多、过于依赖多媒体、多媒体课件质量参差不齐等。作为新型科技的产物，不能否认计算机的存在带给高校教学的诸多便利。

一、多媒体在数学教学方面的优点

在教师制作的课件中，可以给枯燥的公式配上声音、加粗线划重点，也可以插入某某数学家的链接视频或名言，而这些东西不需要教师花费时间去板书，因此既不浪费教师的授课时间，又可以增加教师教学的趣味性。

多媒体可以为数学知识在各个高校之间的传递提供便利，比如某位名校教师制作的课件，可以被各个高校的教师所引用，在一定程度上减少教育资源对重点高校的过度倾斜，使某些不知名的高校也可以获得重点高校的教学资源。

经过多年的发展以及互联网的普及，现在可以通过多媒体进行视频授课，不仅可以减少对教学空间的使用，而且可以使更多的人通过视频授课的方式在各个地方进行学习，打破了"学习必须在学校的象牙塔里"的传统观念，使人们对数学抱有一种"活到老，学到老"的态度。另外，让人们拥有坚实的数学基础。

当然，多媒体教学的优点还有很多，优点的存在不能使我们进步，唯有发现问题、解决问题，才能使我们的多媒体教学能力有所提升。

二、多媒体在数学教学中应用存在的问题

（一）过于注重课件的"华丽"性

大量的图片、视频、声音穿插到多媒体中，看似华丽无比，其实在无形之中加大了学生的信息量，容易使学生意识不到自己学习的重点是什么。尤其是数学的教学，过于华丽的课件会破坏公式定理的神圣性，使学生不再重视这些公式定理的状态。公式定理的理解需要时间，而不是一时的刺激，过于强烈的刺激反而会使学生不知所云。

（二）板书和多媒体课件未能有效结合

数学是需要计算的学科，它需要学生熟能生巧，而不是一味地观看。高中数学教学几乎是不使用多媒体教学的，而在大学里教师使用多媒体教学的时间过多。究其原因是板书和多媒体没有得到有效结合。

（三）课件的使用将减少师生互动的机会

使用课件的结果是教师在讲台上讲、学生在下面听，教师和学生的注意力几乎都在课件上面，教师忘了提问，学生忘了回答。授课变成了对课件的阅读，这样的数学学习很难有多大的效果。数学是一门对动手和动脑能力要求很高的学科，只有不断解决问题，才能提高学生的数学能力，一味地阅读只会浪费时间。

（四）教师制作课件的困难性

数学的教学和教师的教学经历有很大的关系，相当一部分教师并没有经过对计算机的专门学习，不仅制作较慢，而且质量很难保障。此外，在具体的使用时，有的教师甚至电脑的开关机键都需要有专门的人员来做。而且，在课件使用过程中出现的尴尬情况也会分散学生的注意力。

三、多媒体应用于数学教学存在的问题的对策

（一）教师提高自身制作课件的水平

必要时可以找计算机专业的教师对课件进行辅助。就目前而言，我国的计算机普及性大，能够操作计算机的人相当多。而教师在制作课件时，可以与这些有数学基础的能够熟练操作计算机的教师或学生进行合作。此外，在教学时，也可以通过设置"计算机班干部"的方式辅助教师教学。

（二）在课件中融入自己的思想，不可对课本进行全抄或全划重点

教师可以把自己的思考过程做成流程图，或者把文字重新组合成自己习惯的阅读方式等，尽量避免阅读式教学，而要变成有思想的教学。这样可以让学生的注意力过多地放在教师身上，从而减少对多媒体的依赖性。教师可以在精通计算机人员的帮助下，将自己的思想表达在课件中，使复制粘贴的教学变成有思想的教学。

（三）在教学时，不要过分依赖多媒体，注意加强和学生的互动

教师要避免对课件的全篇阅读，要把目光看向学生，可以提一些简单而有趣的互动性问题，表情也不要过于木讷。在互动中学习解决问题，数学的教学也可以变得更有趣。

总之，把多媒体技术适度地融入数学教学中，不仅可以优化数学的教学方式，提高学生的学习兴趣，还能加深学生对概念的理解，提高教师的教学效率。作为教师，也要努力掌握教育技术的技能和理论，积极参与多媒体课堂课件制作和教学设计，开展教学方法和教学模式的探索与实验，优化数学的教学过程，努力创造多媒体的数学教学情境，为数学教学现代化开辟一条新的道路。

第二节　数学软件在高等数学教学中的应用

在高等数学教学中引进数学软件，实现教学内容的直观化、交互化，可以激发学生对数学学习的积极性与兴趣，有效提升课堂教学效率，同时培养学生运用数学软件处理问题的能力。

数学课程的基本任务是要培养学生的抽象思维能力、逻辑推理能力以及对数学的应用能力、创造能力和创新能力，不断提高学生的综合素质。在当下数学教学改革的背景下，数学软件在现代数学教学中起着更加显著的作用。将教学内容与数学软件相结合，通过软件较强的数值运算、符号计算乃至图形操作能力，解决相对抽象以及烦琐的运算，不仅能够激发学生对学习数学的积极性，还能够提升学生使用数学知识处理实际问题的能力。

一、数学软件的类型

现代数学教学中有许多功能强、方便使用的数学软件，如 Matlab、Mathematica、Maple、GeoGebra、Latex、几何画板等，它们都能高效地进行数学运算。例如，Matlab 在编制程序、数学建模、线性规划等问题中应用广泛；

Mathemetica 是一款集符号计算、数值运算和绘图功能于一身的数学类软件；Maple 软件最突出的功能为符号计算，另外在数值计算和数据可视化方面也有着较强的能力；动态数学软件 GeoGebra，支持多平台的应用，覆盖了数学的所有领域，是一款非常适合数学教学展示、学生自主探讨、师生互动交流的数学软件；Latex 在高校本科、研究生论文写作中深受学生喜爱，它能很好地快速编辑排版，自动输出所需要的 pdf 格式，节约了大量的宝贵时间。

二、数学软件在高等数学教学中的应用

（一）辅助数值计算、节省运算时间

数学学习过程中计算占据了大部分时间，周而复始地重复计算，逐渐消磨掉了学生对数学学习的兴趣。借助数学软件来解决这些机械性的计算，可以较有效地避免诸如此类问题的产生，同时还节省了大量的学习时间。例如，化二次型为标准型是线性代数课程中的重要题型。这类题目用到的知识点多、计算烦琐。借助 Mathematica 软件，调用 Eigenvalues 和 Eigenvectors 命令，可以分别得到特征值和特征向量，然后用 Orthogonalize 命令进行 Schmidt 正交化。通过 3 个简单的命令，避免了冗长繁杂的计算，快速、高效地解决问题的同时，增强了学生学习的趣味性，更能深刻理解所学的知识，全面把握问题。

（二）动画图形展示，直观理解概念

华罗庚先生说过"数无形时少直觉，形无数时难入微"，可见数形结合的重要性，而数学软件就是通过图形深刻直观地揭示表达式中隐含的数学联系。软件的演示功能，既能活跃课堂气氛，增进师生的交流，又能促进学生积极思考，激发学习主动性。例如，定积分的概念是高等数学教学中的一个重点，也是学生学习中的一个难点。借助数学软件的动画功能，直观地演示"分割、近似、求和、取极限"的过程，可以帮助学生更好地理解"微元求和"的数学思想。数学软件的动画功能，让学生不再畏惧抽象的数学概念，并能够自然地接受和掌握抽象概念。

（三）学生自主实验，提升学生综合能力

数学实验和数学软件都是为让学生更好地掌握数学方法而引入数学课堂的，将数学实验与理论教学进行优势互补是我们将数学软件引入数学课堂的重要目的。在学生熟悉或掌握一种数学软件后，通过自主实验，让学生在实践当中学习探索及了解数学规律，并能够通过规律处理问题，不但能够深入了解所学的理论知识，还可以培养创新意识，提高独立思考并有效运用数学知识处理实际问题的能力。

随着科学技术的日新月异，数学软件的版本不断更新，其功能也在不断完善，

更加方便用户的使用。数学软件在高等数学教学中得以广泛应用，大大地提高了教学效率。但是同时要注意，数学软件给高等数学教学带来积极影响的同时，也存在着消极影响，比如，数学软件的方便实用性，很容易使学生对数学软件产生依赖性，进而导致学生忽视对数学基础知识的学习。因此，为了使数学软件更好地服务于高等数学教学，我们需要扬长避短，才能获得教学效率最大化。

第三节　就业导向下的高等数学与应用

本节以就业指导为教学设计指引，合理论述了在高等数学与应用数学专业教学中，对专业课程教学内容设计的专业性强化、数学教师的教学手段更新以及学生就业能力的训练加强等内容，探究了就业导向下的高等数学与应用数学专业教学质量优化的有效措施。

调查数据显示，近年来，许多高校的数学与应用数学专业毕业生就业率持续走低。究其原因，是目前我国很多高校的数学与应用数学专业的课程内容过于抽象和理论化，对学生实际应用技能和就业能力的培养力度不够，致使很多学生文化成绩很好，但是实际应用能力差，无法适应社会需求，因此，相关高校和教师应当加强对于该专业的教学改革，优化教学方法和模式，从而提高学生的实际应用能力。

一、强化教学内容的专业性

教学内容的设计是高校开展数学与应用数学专业教学的基础条件之一，因此，高等数学与应用数学专业的教师要想有效地强化学生的专业知识，提高就业能力，首先，应当从基础教学内容设计入手，优化教学内容，从而为学生打好提高专业水平和就业能力的基础。专业教师可以从以下几个方面着手：第一，课程教学内容的设计要充分体现专业特色。高校的数学与应用数学专业的教学与普通的数学教学不同，它不单纯是理论知识教学，更偏向于现代社会发展中的研究型和实际应用型的人才培养，因此，高等数学与应用数学专业的教师要想提高学生的专业水平，提升学生的就业能力，就必须改变应试教育教学方法，在进行教学内容设计时，应当体现专业课程的特色，强化学生的实际应用能力培养。第二，结合就业方向开展教学内容的设计。高校要想通过教学内容的优化设计提升学生的就业能力和专业水平，就必须结合就业方向开展设计，目前社会中与数学与应用数学专业相联系的就业方向主要有金融数学方向、证券投资方向、计算机软件应用方向以及新技术方向。因此，专业教师在进行教学内容的设计时，应当有机地结合这些实际就业需求，从而提高学生就业能力和水平。

二、更新专业教师的教学方法

专业教师是数学与应用数学专业课程教学的主要引导人员，同时也是学生学习专业知识的关键人物，因此，专业教师的教学是否高效，对学生的数学与应用数学专业水平的提高和就业能力的强化有着非常重要的影响。要想提高学生的就业能力，教师应当积极更新和优化专业课程教学方法，紧跟时代发展的步伐，满足专业课程特色的需求，从而有效地激发学生的专业学习兴趣，提高学生的课堂学习效率。比如，专业教师可以采用分层次教学优化教学方法。现代教学理念明确提出，要贯彻"以人为本，因材施教"的教学理念，根据学生的实际情况来开展专业课程的教学，从而照顾到每一位学生的学习情况，提高学生的全方位专业水平，因此，高等数学与应用数学专业的教师在开展课程教学时，可以采用分层次教学的方法，根据本专业学生差异，对不同学习水平的学生开展分层次的教学。比如说，在开展《数据处理计算方法》的教学时，教师可以根据学生的数学专业基础水平和运算能力合理分配不同程度的教学目标和内容，从而有效地满足不同学生的实际专业水平训练需求，实现以人为本、科学教学。

三、加强学生就业能力的训练

学生是教学的主体，高校开展数学与应用数学专业课程教学的根本目的就是提高学生的实际专业水平和就业能力。要想有效地提升数学与应用数学专业的就业率，关键在于学生就业能力的训练，只有加强了学生的就业能力，高校才能从根本上提高数学与应用数学专业毕业生的就业率。高校专业教师可以借助学生的职业生涯规划加强学生的就业能力训练，培养学生的实际就业能力。在学生进入高校的第一年，专业教师就应当加强对学生的专业引导，指导学生开展符合自身实际的职业生涯规划。在后面的两年专业学习当中，专业教师应当加强对学生学习、生活和就业的能力指导，促进学生对于专业知识技能和实际就业需求的了解和掌握。最后，在大四这一关键阶段，专业教师应当结合学生的实际情况帮助学生有效地强化就业能力，帮助学生多积累一些就业经验，全面强化学生的就业能力。

综上所述，在以就业为导向的高等数学与应用数学专业的教学当中，高校教师应当强化教学内容的专业性、更新教学方法、加强学生就业能力的训练，从而有效地提高学生的专业水平和就业能力，为社会培养实用型和应用型人才。

第四节　数学建模在高校线性代数教学中的应用

在线性代数课堂教学中适当应用数学建模思想可以提高课堂效率，能够通过突破课堂教学难点使学生对线性代数的理解更深刻。本节首先对现阶段高校线性代数课堂存在的主要问题进行分析，提出了通过数学建模思想解决这些问题的方式以及在应用过程中应注意的问题，以推动我国线性代数教学的改革。

线性代数是对空间向量线性变化和线性代数方程组进行研究的数学课程，不仅是计量学等学科的基础工具，还在信号处理等计算机领域应用广泛，因此学生对线性代数课程进行深刻掌握，是后续数学类课程学习的重要基础。为适应社会发展的需要，我国高校部分教育重点应放在培养应用型人才上，我国曾在 2014 年提出将全国 50% 的高校转变为以培养应用型人才为教育目标的高校。本节以现阶段线性代数教学课堂中的实际情况为出发点，对线性代数教学中应用数学建模思想进行研究，以培养学生在学习中的应用能力。

一、现阶段我国高校线性代数教学中的主要问题

（一）学校对线性代数课程的重视度不足

高等数学、线性代数和概率论是目前高校设置的主要数学基础类学科，但在重视程度上，多数高校更重视高等数学的学习，这表现在两大方面：一是在课程设置上，线性代数的学时严重少于高等数学的学时，由于学习时间紧张，在课堂教学中教师会减少部分结论的推导和实际应用背景的教学，学生对线性代数的学习时间不够导致理解得不够透彻；二是在难度设置上，线性代数的学习难度相较于其他数学类学科的难度要低得多，由于课程设置少导致学校不得不将该课程的难度系数降低。

（二）学生对部分内容难以理解

相较于初等数学，线性代数课程对学生而言是一个内容较新的学科，因此学生在刚接触时会难以理解。就现阶段情况看，大部分高校的线性代数课堂的主要内容是对课本定义的讲解和证明，这种单一的课堂内容和枯燥的教学方法会使学生难以理解并对线性代数产生厌烦心理。教师在尽力讲但学生还是听不懂、不感兴趣，如在对 n 维向量空间一章中提出了线性无关和线性相关的概念，仅仅通过阐述概念无法使学生对向量的线性关系产生直观感受，对基础概念理解不好会直接影响下一步的学习。

（三）线性代数的应用性教学不强

教师在线性代数的教学过程中忽略了对其应用方向的讲解，致使学生不了解这门课程的应用内容。部分将来打算考研究生的学生可能会重视对线性代数的理解和学习，但不考研究生的学生可能认为线性代数这门课程是无用的，因此就不会重视这门课程的学习，学习的主动性大大降低。若想增强学生学习的主动性就必须使学生了解到这门学科的重要性，并对学习内容产生更深的理解。因此，在线性代数的教学中应用数学建模的思想，使学生对抽象的空间向量内容产生直观的感受。

二、在教学中适合应用数学建模的内容

（一）在难点教学中应用几何模型

直接用定义对二阶行列式和三阶行列式进行教学，学生一般都能听懂，但四阶行列式到 n 阶行列式的教学过程中再直接用定义会使教学内容更加复杂，原因是学生无法理解用该定义进行解释的根本原因。因此，在该教学内容中应用几何数学模型，能使学生对 n 阶行列式产生更深刻、更直观的理解。

以二阶行列式为例，以行列式的行（列）向量为平行四边形的长，另一行（列）向量为平行四边形的宽可以构造一个平行四边形，当行向量和列向量线性无关时，该二阶行列式的绝对值就是这个平行四边形的面积。通过同样的方法构造三阶行列式的几何模型，可以构造三维空间向量中的立体，该立体模型的边就是三阶行列式的三个行向量和列向量。同时要注意，对于二阶行列式中正负号的判断依据是第一行向量到第二行向量的转向方向，若方向为顺时针则行列式为正，若为逆时针则为负；对于三阶行列式的正负号判断依据是该三个向量是否遵循右手法则，若遵循则为正，反之则反。

（二）通过理论模型将各章知识点串联

这里的理论模型依据主要指线性代数组理论，将线性方程组理论进行组合可以建立有效的方程组求解模型，该模型的建立过程可以分为三大方面。

一是建立可逆方阵的线性方程组模型，可以利用 Creamer 法则以及实际和理论推导过程，推导出可逆方阵的方程组求解公式。导出模型后再根据模型结果进行分析，以判断该模型的有效性，但要注意该法则不适用于可逆方阵以外的其他方程组求解。除此之外，在对逆矩阵的求解过程中也可以通过引用简单实际的题目加深学生的理解。

二是建立对一般线性方程组求解的模型，该模型的建立过程要求引入矩阵初等变换的性质，同时要对方程组有解和无解的情况进行讨论。一般线性方程组求解与

逆矩阵的求解过程不同在于，该过程还要引入矩阵初等变换和矩阵秩的定义。同样，在建立好方程组求解模型后，还要根据模型结果对该模型的有效性进行讨论和分析，要积极引导学生质疑该模型的有效性并针对其改进方向进行讨论。

三是对线性方程组基础解系模型的建立，该模型建立的主要目标之一是当线性方程组的解有无穷多个时，能够通过该模型将该方程组得到的无穷个解用线性组合的形式表示出来。建立该模型进行教学，可以使学生通过模型认识到不同线性方程组在求解过程中规律的一致性，也就是说通过建立模型简化求解过程。

第五节　高等数学教学中发展性教学模式的应用

促进学生的全面发展是开展高等数学教学发展性教学模式研究的根本目的，它的主要内容是强调评价方式的多样化和评价主体的多元化，主要关注点在于学生的差异性和个性化，注重评价过程。在高等数学教学中创建发展性教学模式不但能够使大学生有效地获取数学的知识与技能，还能够培养大学生的自主创新精神、发散思维和个性品质等，对培养高素质人才有着重要的意义，本节结合实践工作经验，阐述发展性教学模式在高等数学教学中的应用。

数学逻辑和物理学是现代科学知识研究发展的基础所在，体系、理性、逻辑和确定是其追求的根本目标，但人们往往忽视了知识的不确定性、复杂性和多变性，导致所学知识具有一定的绝对性和片面性；在后现代科学发展的视角下，知识的学习具有生成性和开放性等特点，不确定性是知识发展的重要组成部分。那么我们该如何利用知识领域的不确定性来改善传统的高效数学教学呢？我想这是每一个高等数学教师都面临的困惑和难题。

一、高等数学创建发展性教学模式的必要性

当前我国高校的传统数学教育仍然采取"说教式""填鸭式"的教学方式，教学形势依然还采取"教师讲、学生听"的传统模式，教师的思想观念迂腐，不能与时俱进，掌握新科技时代下的新气息，学生依然以听讲作为基本学习手段，缺乏素质锻炼，知识结构单一，思想被压制严重。传统的教学模式主要有以下弊端：

（1）在高校的数学教学中往往忽视对学生兴趣的培养，这样学生的主观性和积极性难以得到充分的调动。

（2）依然奉行以教师为主体的传统教学模式，忽视了学生的主体地位，本末倒置，同时，高等数学教学内容繁多而又复杂，学生渐渐地失去了主体意识，大大降低了

学生的主观能动性，思维难以得到发散。

（3）不能针对学生的个性和差异性进行教学工作，教学内容难以面向全体大学生，使教学结构良莠不齐，无法使大学生进行全方位的协调合作。

（4）传统教学模式的知识讲解和传授都掌握在教师手里，由教师进行支配和控制，以传授知识为根本教学目的，忽略了学生的主体性，不注重教学的方法和过程，这种应试教育体系下产出的大学生严重缺乏多维化素质，各项素质不能得到全面的提高，知识与能力双规发展严重畸形。

二、高等数学教学中发展性教学模式的内涵

（一）发展性教学理论的概念

高等数学教学发展性教学模式是由"发展性教学"衍生而来的，利用教学和人的心理发展之间存在的人为活动的因素为指导，强调教育和教学以保障学生具有完整的学习能力和相应的发散能力，保证高校大学生的个性能够得到全面的发展。

（二）发展性教学模式对高校教学的启示

首先，发展性教学模式以发展学生的理论思维为主要目标，以学生在教学过程中认知活动的主动、能动、具有个体特性的特点开展数学教学活动。教学的目标不再局限于对传统知识的内化和展现，而是集中实现对知识的改造和变革，刺激学生将知性思维转变为理性思维，根本教学目的在于强化学生自主解决实际问题的能力。

其次，发展性教学模式充分重视学生的个性化特点，注重培养学生的个性化形成。在教学过程中，重视师生间和学生彼此间的交流，促进学生养成自己的行为规范，在交流中使学生获得一定的社会经验，便于促进学生道德观念、生活方式、价值标准的形成。

最后，发展性教学模式以开展学生自主创新能力为根本前提。只有具备一定创新能力的人才能够适应当代科学与技术的迅猛发展，只有具备自主创新能力的人才能够成为促进民族发展的原动力。发展性教学模式重点在于培养学生的理性思维，而理性思维恰好是一个人提高创新能力的根本所在。因此，发展新教学模式对于开展我国的素质教育体系是具有重要意义的。

三、如何在知识不确定下开展高等数学的发展性教学模式

（一）转变传统观念下的教学过程和教学内容

首先，要在教学过程中打破传统的"说教式"教学模式，让学生真正地以自主的身份参与到对知识形成的不确定性和价值变量的判断中来，尽最大努力避免教师

的权威性和个体性对知识的陈述内容和价值的影响，展开一种将任何知识都作为一种探讨的内容来与学生进行交流和讨论的课堂氛围。

其次，要在教学内容上同步讲述确定性与不确定性的知识内容，知识内容不再是传统的传授范围，而是要结合知识形成的背景、条件以及与此知识相关的争议内容等，为教学的内容打开进一步探讨的空间。尊重不同的观点，刺激学生的自我理解能力。

（二）结合知识的不确定性开展新型教学形式

知识的不确定性能够开展学生的新视野，高速发展的知识体系和增长变量也能够刺激学生的发展能力和创新能力，教师要在知识世界的变化中，转变教学形式，引导学生正确面向未来，将培养学生的创新能力和创新精神作为教学形式改变的根本目的，真正实现传统教学向发展性教学模式的转变。

（三）引导学生自主参与发展性教学体系

教学活动具备一定的有序性，学生必须掌握一定的方法才能保障教学活动的顺利进行。教师在发展性教学模式中要引导学生自主参与到教学体系中来，引导学生学会如何表达自身观点，阐述与他人不同的见解；如何在学习讨论中与他人进行沟通、交流和倾听；如何见微知著，改善自身不足。刺激学生的自主参与性不仅仅在于激发学生对知识的兴趣，还在于引导学生以一种正确的思维方式进行知识的探讨、交流、总结和拓展。

第六节　大数据"MOOR"与传统数学教学的应用

MOOR 是"后 MOOC"时期在线学习模式的新样式。从现有的相关文献来看，没有 MOOR 与具体学科课堂教学整合的应用研究。MOOR 课程与传统数学课堂相结合具有重要意义。MOOR 代表了不同的在线教学模式，拓宽了在线教育的应用范畴。MOOR 与传统教学相结合，能提高学生学习数学的兴趣。MOOR 设计需要调整教学计划，构建应用型创新人才培养模式；调整教学内容，使教学方式多样化；MOOR 课程开发应注重整体性与连贯性。

2013 年 9 月，加州大学圣地亚哥分校的帕维尔教授和他的研究生团队在 Coursera 推出了一门名叫"生物信息学算法"的 MOOR 课程。在这门课程的第一部分，第一次包含了大量的研究成分。这些研究成分为学生从学习到研究的过渡提供了渠道，使得教学重心由知识的复制传播转向问题的提出和解决。MOOR（ Massive Open

Online Research，大众开放在线研究）仍带有 MOOC 的"免费、公开、在线"的基因，所以它可看作 MOOC 的延续与创新，它代表了不同的视角、不同的教育假设和教育理念。

随着网络技术的飞速发展和移动终端设备的日益普及，在信息技术日新月异的今天，社会对财经类大学生的实践能力要求越来越高。培养学生的应用与创新能力需要改变传统的教学模式，有限的数学课堂教学需要延伸，而 MOOR 为我们传统的理论教学提供了一个很好的在线补充，能有效地培养学生的科研能力及创新意识和创新能力。MOOR 也为学生提供了一种个性化的学习，它让学生可以在不同时间、不同地点，根据个人的空闲时间进行在线学习、讨论、共享与交流等。MOOR 可以让学生看到数学知识的应用和实际效果。这既能培养学生学习数学的兴趣，又能提高他们学以致用的能力。

在这样的背景下，地方财经类院校要想走稳办学之路，办出特色，全校师生都得思考将来的发展问题，包括人才培养的模式和专业的结构。我们的课堂教学更应该注重应用型、复合型人才的培养。应用型人才、复合型人才的培养势必对大学生的创新能力有着较高的要求，而提高大学生的科研能力则是培养其创新精神的主要途径。大学生科研水平的高低已逐渐成为衡量本科高校综合实力和人才培养质量的主要标准。

一、MOOR 课程与传统数学课堂相结合的意义

MOOR 代表了不同的在线教学模式，拓宽了在线教育的应用范畴。正如德国波茨坦大学克里斯托夫·梅内尔教授所说："MOOC 是对传统大学的延伸而不是威胁或者替换，它不能取代现存的以校园为基础的教育模式，但是它将创造一个传统的大学过去无法企及的、完全新颖的、更大的市场。"鉴于此，我们应该运用"后MOOC"的思维去审视与推进在线教育，与传统教学相结合，实现信息技术对教育发展的"革命性影响"，共同提高教学质量，培养高质量人才。

当今社会信息高度发达，竞争日益激烈，无论是哪一方面的竞争，归根结底都是人才的竞争。如今的人才必须具备一定的创新意识和创新能力，否则将很难适应信息时代的要求。事实上，如何培养学生的创新意识和创新能力一直是高校教学改革的重点和热点，也是高校教学改革研究的前沿课题，而 MOOR 在这方面具有独特的优势。

MOOR 与传统教学相结合，能提高学生学习数学的兴趣，让学生认识到数学学习的重要性，培养学生利用数学知识解决实际问题的能力，让学生巩固所学书本知识。MOOR 可以培养学生的想象力、联想力、洞察力和创造力，还可以扩大学生的知识面，

提高学生的综合能力。在有限的课堂上，学生对一些知识点的理解需要点拨和时间来消化，为此，学生可以借助 MOOR 提供的相应章节知识点的典型应用或者是相关研究来对知识点进行全方位的理解或补充。同时，MOOR 可以提高大学数学的教学质量，丰富教师的教学手法、教学内容，激发广大学生的求知欲，能有效地培养学生的科研和创新能力。

MOOR 不仅向学生展示了解决实际问题时所使用的数学知识和技巧，更重要的是能培养学生的数学思维，使他们能利用这种思维来提出问题、分析问题、解决问题，并提高他们学以致用的能力。

MOOR 课程的设计应按照一定的顺序和原则，围绕某个知识点深入展开，这样孤立的 MOOR 课程才能被关联化和体系化，最终实现知识的融会贯通和创新。对学生而言，MOOR 课程能更好地满足学生对不同知识点的个性化学习、按需选择学习，既可查漏补缺又能强化巩固知识，是传统课堂学习的一种重要补充。

二、MOOR 设计与探索问题

（一）调整教学计划，构建应用型创新人才培养模式

一是将 MOOR 引入大学数学教学中来，数学教学大纲，尤其是教学计划中的理论学时和实验（实践）学时需要调整。结合院校的人才培养目标定位和院校学生的专业特点，其数学教学计划也要做相应的调整。应及时更新每门数学课程的教学大纲，兼顾知识的连续性与先进性，提高课程的知识含量。二是为了充分发挥 MOOR 的作用，MOOR 的开发应用计划，突出其实用性。要根据学校条件、学生的学习支撑条件与特点，联系教学实际，科学地进行开发与应用；要聚焦于大学数学课程中学生易掌握的重点应用问题，突出"应用研究"功能，培养学生的数学思维能力与科研创新能力。

（二）调整教学内容，使教学方式多样化

MOOR 以某个数学知识点为核心，可以采用文字、图片、声音、视频等多种有利于学生学习的形式。在 MOOR 课程中，教师应尽量设置一些与现实问题联系在一起的情景来感染学生，这样对学生学习数学有积极的影响。通过吸引学生的注意，激励学生完成指定的任务，从而进一步培养学生解决实际问题的能力和科研创新能力。课堂学习与 MOOR 课程学习相结合，要注重实效性。

（三）MOOR 课程开发应注重整体性与连贯性

MOOR 课程能促使教师对教学不断思考，让他们把自己从教学的执行者变为 MOOR 课程的研究者和开发者，激发教师的创造热情，促进教师成长，提高教师的

科研能力，让教师实现自我完善，为教师的教研和科研工作提供一个现实平台。

不管哪种课程改革模式，目的都是培养学生自主学习、终身学习的能力，培养学生主动参与、乐于探究、勤于动手、获取新知识、分析解决问题的能力。在通信发达、网络普及的今天，教育必须与时俱进，充分发挥信息化的优越性，让教育网络化，让教育信息化。MOOR 这个集网络、信息于一身的新生事物也应伴随我们教师和学生的学习成长。

MOOR 就是一个创新的在线教育模式，它是培养学生在学习过程中，以现有知识为基础，结合当前实践，大胆探究，积极提出新观点、新思路、新方法的学习活动。而科学研究本质上就是一个创新的过程，科研活动是创新教育的主要载体。通过参与科研活动，可以有效培养大学生的创新意识和创新思维，提升大学生的创新技能。科学研究是实现科技创新的必然途径，大学生科研创新能力培养和提升是一项旨在培养大学生基本科研素质的实践性教学环节，对院校而言，有着重要的意义。

总之，对于 MOOR 这样的新生事物，我们要积极研究和探索，取其所长，避其所短，既不能盲目跟风，又不能一概排斥，忽视现代化手段带来的积极作用。可以说，MOOR 的应用对院校的特色化以及可持续健康发展有着重要的意义。

参考文献

[1] 汪卫东 . 高等数学教育 [M]. 北京 / 西安：世界图书出版公司，2017.08.

[2] 刘鸿基 . 高等数学中的思想方法与创新教育 [M]. 北京：中国农业出版社，2007.05.

[3] 刘菊芬 . 高等数学教育研究 [M]. 北京：九州出版社，2018.06.

[4] 常天兴 . 高等数学教育中的思维能力培养研究 [M]. 中国原子能出版传媒有限公司，2022.03.

[5] 杜秋霞，金艳玲 . 探析文化观视角下高校高等数学教育 [J]. 中文科技期刊数据库（全文版）教育科学，2022（1）：84-86.

[6] 李改枝 . 高等数学教育教学中心理学的应用初探 [J]. 开封文化艺术职业学院学报，2021（5）：159-160.

[7] 邱春梅，刘泽珊 . 基于课程思政的高等数学教育教学研究 [J]. 文渊（中学版），2021（5）：786-787.

[8] 殷羽 . 基于课程思政的高等数学教育教学研究 [J]. 数学学习与研究，2021（29）：24-25.

[9] 张婷 . 探析文化观视角下高校高等数学教育 [J]. 山海经（教育前沿），2021（31）：91.

[10] 蒋芬，王丛敏 . 浅谈高等数学教育 [J]. 大众投资指南，2019（9）：272.

[11] 钱柳 . 高职院校高等数学的教育教学分析 [J]. 前卫，2022（18）：100-102.

[12] 陶亚宾 . 双创教育背景下的高等数学教育创新对策 [J]. 南北桥（教育研究学刊），2020（18）：22.

[13] 潘峰 . 实验与教学相结合改革高等数学教育模式 [J]. 新教育时代电子杂志（学生版），2020（14）：225.

[14] 陆光洲 . 高等数学教育中开展学生教研工作的实践探究 [J]. 警戒线，2020（8）：56-57.

[15] 王震 . 浅谈高等数学教育改革的现实意义 [J]. 文理导航，2018（20）：20-21.

[16] 张浩然 . 高等数学教育创新模式的探索与思考 [J]. 黑龙江科学，2018（11）：

26-27.

[17] 李晓丽 . 高等数学教育中微课的应用分析 [J]. 当代旅游，2018（22）：116.

[18] 黄小洁 . 双创教育背景下的高等数学教育创新分析 [J]. 文化创新比较研究，2019（26）：180-181.

[19] 王培 . 学习科学视域下高等数学教育困境分析 [J]. 科教文汇（上旬刊），2019（6）：64-65，71.

[20] 刘佩鑫 . "课程思政"背景下新商科院校高等数学教育教学研究 [J]. 爱情婚姻家庭（上旬），2021（9）：117-118.

[21] 蔡伟铭 . 高校高等数学教育培养学生数学应用能力的策略分析 [J]. 当代教育实践与教学研究（电子刊），2021（16）：171-172.

[22] 张野 . 信息技术与高等数学教育的融合探讨 [J]. 科学大众（科学教育），2017（5）：149-150.

[23] 路杰，徐洁 . 高等数学教育途径研究 [J]. 信息周刊，2018（7）：186.

[24] 林莹 . 高等数学教育改革的新思路 [J]. 湖南科技学院学报，2019（5）：1-4.

[25] 马纪英 . 数学思想方法在高等数学教育中的作用 [J]. 华东纸业，2021（5）：84-87.

[26] 付利芳 . 关于高等数学教育改革的一些思考 [J]. 教育周报（教育论坛），2019（47）.

[27] 陈腊梅 . 关于高等数学教育与教学改革的看法及建议 [J]. 速读（上旬），2021（8）.

[28] 李彩艳，乌兰，白云霞，宋宽，丁海麦 . 思政教育融入信息管理高等数学教育教学探索 [J]. 科教导刊（电子版）（中旬），2021（12）：250-251.

[29] 黄华，毛绪平，张瑜，阿布力米提·孜克力亚 . 高等数学教育教学的"第一公里"问题研究 [J]. 高教学刊，2021（36）.

[30] 唐玉桂 . 浅谈高等数学教育 [J]. 中国新通信，2012（24）：80.

[31] 王华昌，杨志鹏，王德强 .Mooc 对高等数学教育影响探讨 [J]. 科教导刊（电子版），2016（10）：84-85.

[32] 李晓慧 . 高等数学教育培养学生数学应用能力的策略研究 [J]. 警戒线，2020（48）：71-72.

[33] 李慧慧 . 关于高等数学教育与教学改革的看法及建议 [J]. 大学，2020（51）：66-67.

[34] 赖诗评，谢有为 . 数学思想方法在高等数学教育中的作用分析 [J]. 吉林广播电视大学学报，2020（11）：97-98.

[35] 李蕾 . 高等数学教育教学创新模式改革分析 [J]. 商业 2.0（经济管理），2020（9）：224，226.

[36] 黄长琴 . 高等数学教育创新初探 [J]. 科教导刊，2015（31）：35-36.

[37] 傅艳华 . 高等数学教育困境分析 [J]. 知识经济，2015（9）：175.

[38] 仝云旭，李桂花，马戈，宋苏罗 . 高等数学教育教学改革与探索 [J]. 教育现代化，2018（26）：27-28.

[39] 胡峣峥 . 高等数学教育现状及改革研究 [J]. 知识文库，2018（7）：160.